Neurociência
das emoções

Neurociência das emoções

Everton Adriano de Morais

Rua Clara Vendramin, 58 . Mossunguê
CEP 81200-170 . Curitiba . PR . Brasil
Fone: (41) 2106-4170
www.intersaberes.com
editora@intersaberes.com

Conselho editorial
Dr. Alexandre Coutinho Pagliarini
Drª Elena Godoy
Dr. Neri dos Santos
Dr. Ulf Gregor Baranow

Editora-chefe
Lindsay Azambuja

Gerente editorial
Ariadne Nunes Wenger

Assistente editorial
Daniela Viroli Pereira Pinto

Preparação de originais
Ana Maria Ziccardi

Edição de texto
Palavra do Editor

Capa e projeto gráfico
Iná Trigo (*design*)
agsandrew/Shutterstock (imagem da capa)

Diagramação
Andreia Rasmussen

Equipe de *design*
Débora Gipiela
Iná Trigo

Iconografia
T&G Serviços Editoriais
Regina Claudia Cruz Prestes

Dados Internacionais de Catalogação na Publicação (CIP)
(Câmara Brasileira do Livro, SP, Brasil)

Morais, Everton Adriano de
  Neurociência das emoções/Everton Adriano de Morais.
Curitiba: InterSaberes, 2020. (Série Panoramas da Psicopedagogia)

  Bibliografia.
  ISBN 978-65-5517-020-7

  1. Emoções 2. Emoções e cognição 3. Inteligência emocional 4. Neurociência 5. Sistema nervoso I. Título. II. Série.

20-34107   CDD-158.1

Índices para catálogo sistemático:
1. Neurociência das emoções   158.1

Cibele Maria Dias – Bibliotecária – CRB-8/9427

1ª edição, 2020.

Foi feito o depósito legal.

Informamos que é de inteira responsabilidade do autor a emissão de conceitos.

Nenhuma parte desta publicação poderá ser reproduzida por qualquer meio ou forma sem a prévia autorização da Editora InterSaberes.

A violação dos direitos autorais é crime estabelecido na Lei n. 9.610/1998 e punido pelo art. 184 do Código Penal.

Sumário

Prefácio, 15
Apresentação, 19
Como aproveitar ao máximo este livro, 23

Capítulo 1   Sistema nervoso e emoções, 26
                 1.1 Neurociência celular das emoções, 27
                 1.2 Bases anatômicas das emoções, 31
                 1.3 Neurofisiologia das emoções, 34
                 1.4 Neuroplasticidade das emoções, 38
                 1.5 Emoção e sentimento, 41

Capítulo 2   Fundamentos de emoção e cognição na aprendizagem, 50
                 2.1 Emoções primárias e aprendizagem, 51
                 2.2 Emoções secundárias e aprendizagem, 54
                 2.3 Cognição e aprendizagem, 58
                 2.4 Emoção e cognição no desenvolvimento humano, 63
                 2.5 Reguladores das emoções no processo do aprender, 67

Capítulo 3   Funções executivas, emoções e o aprender, 78
                 3.1 Funcionamento das funções executivas, 79
                 3.2 Neurobiologia das funções executivas, 85
                 3.3 Neurofisiologia e neuroanatomia das funções executivas, 92

               3.4 As funções executivas no processo emocional do aprender, 96
               3.5 Plasticidade cerebral, funções executivas e controle emocional, 99

Capítulo 4   Inteligência emocional, 110
               4.1 Neurociência e inteligência emocional, 111
               4.2 Bases biológicas da inteligência emocional, 114
               4.3 Emoção e inteligência, 118
               4.4 Inteligência e emoção no aprender, 121
               4.5 Controle emocional e aprendizagem, 124

Capítulo 5   Emoção, comunicação e adaptação social, 134
               5.1 Processo de linguagem, comunicação e emoções no contexto social, 135
               5.2 Socialização, aprendizagem e o processo da adaptação, 140
               5.3 Linguagem e interação social no processo do aprender, 142
               5.4 Fases da vida e o desenvolvimento da linguagem, 143
               5.5 Dificuldades na socialização e sua relação com as emoções, 149

Capítulo 6   Emoção, razão e tomada de decisão na aprendizagem, 158
                 6.1 Teorias da tomada de decisão, 159
                 6.2 Estruturas biológicas da tomada de decisão, 165
                 6.3 Razão e emoção na aprendizagem, 168
                 6.4 Estresse e autoestima infantil no processo do aprender, 172
                 6.5 Tomada de decisão no processo emocional, 177

Considerações finais, 187
Glossário, 191
Referências, 193
Bibliografia comentada, 209
Respostas, 211
Sobre o autor, 213

À minha amada esposa, Franciele,
por estar sempre ao meu lado em todas
as horas. Aos meus pais, irmãos, amigos
e todos aqueles que acreditam no
trabalho sério que procuro desempenhar
por meio da neurociência.

"Porque d'Ele, por Ele e para Ele são todos as coisas" (Bíblia. Romanos, 1999, 11:36).

Agradeço ao Eterno, por mais uma obra concluída. Gratidão sempre!

Meu agradecimento à minha bela esposa por sempre acreditar e incentivar todo o trabalho desempenhado, e à minha querida (grande) família, meus pais e irmãos, por fazerem parte do alicerce que tenho, meu porto seguro.

Ao meu grande mentor em neurociência, Leandro Kruszielski, por meio do qual conheci essa área tão nobre da ciência e que, até hoje, tem me dado todo o suporte de que preciso.

Obrigado a todos que contribuíram, direta ou indiretamente, para a conclusão de todo este trabalho.

Por que tantas vezes parece-nos impossível entender nossas emoções? Nós controlamos nossas emoções, ou são elas que nos controlam?

Joseph LeDoux (1998)

Prefácio

A emoção está em todo lugar. Mensagens repassadas nas redes sociais fazem menção à possibilidade de ser feliz ou sair da tristeza. As obras de ficção tomam as emoções dos personagens como o principal motor para a trama: a raiva, em um capítulo de uma novela; a vergonha, nas páginas de um romance; o medo, em uma cena de um filme... As canções entoam amores correspondidos ou perdidos. Documentários, palestras de autoajuda e livros das mais diferentes naturezas descrevem como são as emoções e como poderíamos lidar melhor com elas.

Mas essa ubiquidade emocional não necessariamente representa um avanço na compreensão desse fenômeno psicológico. A grande maioria do conteúdo produzido costuma ser superficial, sem fontes confiáveis do ponto de vista científico, sem base em observações, experimentos e teorias construídas com o rigor que a metodologia científica exige. Metáforas e demais figuras de linguagem até podem nos ajudar a atravessar a vida com mais poesia quando nos referimos aos sentimentos. Expressões cotidianas como "você mora no meu coração" ou "ele tem um coração de pedra" ainda podem servir muito bem para a comunicação cotidiana, mas a arte e o senso comum das emoções são insuficientes quando precisamos enfrentar, profissionalmente ou pessoalmente, problemas específicos mais elaborados envolvendo as emoções. Nos momentos em que o senso comum e a arte não podem ajudar, as ferramentas científicas podem ser uma saída interessante.

É nesse sentido que *Neurociência das emoções* ocupa uma brecha importante ao tratar desse conteúdo com o rigor e o critério que faltam às abordagens usuais dadas às emoções. Ao atrelá-las ao cérebro e demais estruturas do sistema nervoso, Everton Adriano de Morais dá um fundamento biológico às emoções, sem deixar de articular esse aspecto concreto com as influências sociais e de outros âmbitos. A abordagem neurocientífica das emoções assegura a exatidão e o parâmetro necessários para se discutir esse fenômeno com propriedade, fugindo-se da tentação de converter as emoções em pseudociência ou autoajuda, por exemplo. A escolha em fundamentar este livro em autores consagrados, como Joseph LeDoux – eminente pesquisador responsável por descrever o circuito neuronal do medo – e António Damásio – autor de uma das mais relevantes teorias a respeito das relações entre razão e emoção –, garante que as afirmações aqui discutidas têm embasamento técnico e científico que, muitas vezes, não é encontrado nem em obras que se apresentam como acadêmicas.

Além disso, as emoções aqui tratadas são relacionadas com outros fenômenos, como a cognição, o comportamento, a aprendizagem, a linguagem e a tomada de decisão. De fato, é assim também que as emoções se apresentam na vida: nunca sozinhas, mas sempre como um amálgama com outros fenômenos. Se é verdade que se pode, para fins didáticos, separar um objeto de estudo para que seja adequadamente examinado, é também verdade que, se esse objeto não se apresenta isolado no mundo real, é ainda mais importante que se descrevam suas relações com outros objetos. As emoções afetam a razão e são afetadas por ela, são parte substancial no processo de tomada de decisão, estão no âmago do que é um comportamento, interferem na inteligência e confundem-se com ela, perpassam a linguagem. Nada mais esperado que essas relações sejam também estudadas.

O primeiro capítulo dá a base estrutural para o restante do texto, apresentando como as emoções ocorrem no sistema nervoso, descrevendo, do ponto de vista macroscópico, as estruturas anatômicas envolvidas e, do ponto de vista microscópico, a neurofisiologia existente. O segundo capítulo concentra-se no papel das emoções na cognição e na aprendizagem, mostrando também as classificações das emoções primárias e secundárias e como ocorre a regulação das emoções no processo do aprender. O terceiro capítulo acrescenta o papel controlador das funções executivas no sistema emocional e explora as consequências desse fator para a plasticidade e a aprendizagem. O quarto capítulo discute o conceito de inteligência emocional. Em seguida, o capítulo quinto apresenta a relação existente entre emoções, linguagem e socialização, ampliando ainda mais o aspecto que essas dimensões podem alcançar. E, por fim, o último capítulo discorre a respeito das relações entre razão e emoção na tomada de decisão, especialmente em contexto de aprendizagem.

Entender as relações entre as emoções e o sistema nervoso pode ser especialmente útil para se atuar com domínio no campo da aprendizagem ou em qualquer campo que envolva o comportamento humano. *Neurociência das emoções* consegue auxiliar muito nessa compreensão e levar o leitor a um discernimento muito além do que se costuma obter com as abordagens sobre as onipresentes emoções.

Dr. Leandro Kruszielski

Doutor em Educação pela Universidade Federal do Paraná.

Professor adjunto do Departamento de Teorias e Fundamentos da Educação da Universidade Federal do Paraná.

Apresentação

Ah, as emoções... Como definir momentos vivenciados, sorrisos inesquecíveis, pessoas que marcaram nossa vida e trouxeram histórias inigualáveis por meio de bons momentos? Existem também momentos que marcam nossa vida de uma maneira contundente, não saudável e deixam memórias negativas. Podemos dizer que essas experiências são advindas de relacionamentos, aprendizagens, conhecimentos adquiridos, maturidade e aprimoramento. O que explica esta preciosidade denominada *cérebro*, que registra, organiza, reorganiza, aprende, coordena e executa diversos comandos de forma simultânea e que age continuamente todos os dias do ciclo vital por meio de inúmeras estruturas? E assim se justifica a importância desta obra, que busca esclarecer os processos anatômicos, fisiológicos e comportamentais das emoções e dos processos cognitivos, considerando-se que compreender as rotinas do dia a dia, as demandas de trabalho, família e outros meios sociais são de suma importância para o avanço dos estudos voltados aos seres humanos.

O organismo humano apresenta diversas micro e macroestruturas entre os órgãos e os sistemas, cada um com uma função específica. Por exemplo, enquanto os eritrócitos têm por objetivo o transporte de oxigênio no sangue, os leucócitos defendem o organismo e os hepatócitos sintetizam proteínas. No sistema nervoso, há os neurônios cuja função, em termos objetivos, é aprender. Sim, o neurônio aprende. O sistema nervoso tem muitas particularidades, extensões, complexidades em vários níveis de coordenação e execução, porém há um conjunto de elementos-base que fazem com que todo o processo funcione, desenvolva e chegue à sua maturação. Isso acontece em razão da constante aprendizagem que o sistema nervoso proporciona e organiza. Os neurônios são uma das partes de toda essa imensidão que, de forma complexa, gerencia todo o organismo humano.

Nesse contexto, o objetivo deste livro é, justamente, explicar a relação entre o processo do aprender relacionado ao sistema nervoso e as emoções. Reconhecemos que o estudo desse tema não é simples, por isso esta obra pretende servir como uma introdução aprofundada para a compreensão de como todo o funcionamento neuroanatômico e neurofisiológico acontece. Por meio desta obra, serão apresentados contextos do cotidiano para ilustrar e exemplificar os aspectos em análise, bem como uma descrição técnica mediante o uso dos termos cientificamente utilizados no meio profissional e acadêmico.

Todo o conteúdo foi pensado para os leitores iniciantes em neurociência, sejam educadores, sejam profissionais da saúde, com foco no processo do aprender e, especificamente, nas relações com as emoções, porém há temas cuja abordagem foi aprofundada. O sistema nervoso tem muitas peculiaridades, por isso é fundamental que elas sejam exploradas para haver o entendimento do funcionamento do organismo em geral. Embora esse sistema por si só seja de extrema relevância, é necessário compreender como ele se relaciona com o organismo como um todo.

Assim, a obra foi dividida em seis capítulos, que relacionam temas como bases micro-orgânicas do sistema nervoso, emoção e cognição, funções executivas, inteligência emocional e tomada de decisão. O Capítulo 1 aborda as bases fundamentais do sistema nervoso e sua relação com as emoções, as estruturas anatômicas das emoções, toda a fisiologia e a plasticidade cerebral que envolve tais regiões. Adiante, o Capítulo 2 se concentra nas definições das emoções, e em suas relações com a cognição e a aprendizagem, tendo em vista os principais fatores que contribuem para que essa ação psicofisiológica possa acontecer.

O Capítulo 3 trata das descrições básicas do sistema nervoso e das emoções referente ao aprender, explicando a importância da coordenação e da execução das ações dos comandos efetuados pelo cérebro humano, em nível fisiológico e anatômico; além disso, aborda quais as estruturas envolvidas e como ocorre seu funcionamento. No Capítulo 4, é enfocado um tema discutido por diversos profissionais: o controle e a aprendizagem sobre a inteligência emocional. Buscaremos esclarecer como a neurociência e seus principais autores, em nível mundial, entendem como o organismo humano, em específico o cérebro, funciona diante da condição emocional em nível intelectual, com base na biologia.

Toda essa condição biológica não se restringe apenas ao emaranhado de células, tecidos e órgãos, mas também, como explicitado no Capítulo 5, ao modo como o ser humano desenvolve suas relações interpessoais e suas adaptações, em relação à linguagem, às emoções no contexto social e às suas interações. Por fim, o Capítulo 6 apresenta as complexidades do sistema nervoso, o aprender e a tomada de decisão. O objetivo é mostrar como o ser humano chega a uma condição decisória em nível emocional em diversos contextos, familiar, profissional e educacional.

Ao longo da leitura, o leitor perceberá que existe a preocupação em manter uma relação constante com o processo de aprendizagem e os impactos ocasionados pela vivência das emoções no âmbito biopsicossocial.

Como aproveitar ao máximo este livro

Empregamos nesta obra recursos que visam enriquecer seu aprendizado, facilitar a compreensão dos conteúdos e tornar a leitura mais dinâmica. Conheça a seguir cada uma dessas ferramentas e saiba como estão distribuídas no decorrer deste livro para bem aproveitá-las.

Introdução do capítulo
Logo na abertura do capítulo, informamos os temas de estudo e os objetivos de aprendizagem que serão nele abrangidos, fazendo considerações preliminares sobre as temáticas em foco.

Síntese
Ao final de cada capítulo, relacionamos as principais informações nele abordadas a fim de que você avalie as conclusões a que chegou, confirmando-as ou redefinindo-as.

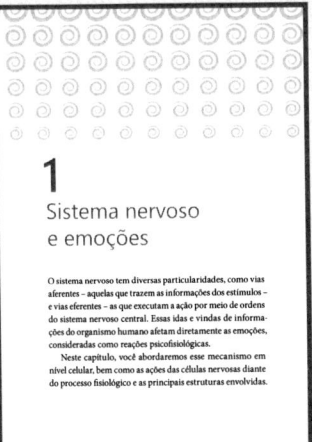

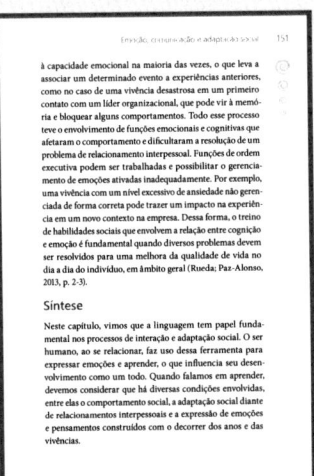

Atividades de autoavaliação

Apresentamos estas questões objetivas para que você verifique o grau de assimilação dos conceitos examinados, motivando-se a progredir em seus estudos.

Inteligência emocional 127

as adaptações, isso em qualquer contexto, seja familiar, seja profissional, seja acadêmico.

O processo neurobiológico mostra que as alterações fisiológicas e estruturais são interdependentes nas resoluções de problemas. Dessa forma, não há apenas uma habilidade fixa e única, mas habilidades: uns conseguem lidar melhor com ansiedade e recompensa; outros, com tristeza e perda; outros, com alegria e sucesso. O fato é que todos têm o potencial para lidar com diversas situações em se tratando de resolução de problemas; aliás, a não resolução já é um resultado que pode ser aprimorado para melhorar o processo do aprender.

Também destacamos que as formas de lidar com a situação em que a inteligência emocional é exigida e suas reações eletroquímicas são aprimoradas de acordo com os estímulos e com o aprendizado de cada uma. Assim, o processo varia de pessoa para pessoa; basta compreender como esse mecanismo funciona para cada um, respeitando-se suas particularidades.

Atividades de autoavaliação

1. A inteligência pode ser definida como a capacidade de resolver problemas do cotidiano. Essas resoluções passam por algumas funções de que o sistema nervoso dispõe. Com base nessa afirmação, assinale a alternativa correta:
   a) A cognição em geral e, principalmente, a tomada de decisão são funções importantes para a resolução de problemas relacionados ao cotidiano ligados a diversos contextos, o que pode definir o conceito de inteligência.

Atividades de aprendizagem

Aqui apresentamos questões que aproximam conhecimentos teóricos e práticos a fim de que você analise criticamente determinado assunto.

76 Fundamentos de emoção e cognição na aprendizagem

Atividades de aprendizagem

Questões para reflexão

1. Há uma distinção entre as emoções primárias e as secundárias. Embora haja uma inter-relação entre elas, cada uma tem sua especificidade e contribui para o ser humano lidar com questões do dia a dia, por isso a neurociência procura entender como essas emoções se desenvolvem no decorrer dos anos. Para aprofundar seu entendimento, reflita sobre o quanto as emoções primárias e secundárias são importantes para a maturação do sistema nervoso e qual a característica específica das emoções básicas primárias e sua função no papel social, que resulta na construção das estruturas das emoções secundárias.
2. O papel da aprendizagem está muito ligado ao processo de desenvolvimento maturacional no aprender. É um grande desafio situar as principais causas do mau desempenho escolar, bem como afirmar se há relação com o desenvolvimento emocional. Para responder a esse desafio, faça uma pesquisa bibliográfica para verificar quais as principais condições que ocasionam o mau desempenho escolar e sua relação com questões emocionais, bem como o desenvolvimento do aprender. Sugerimos o uso de fontes relacionadas à educação, à psicologia e à neurociência como base para a análise.

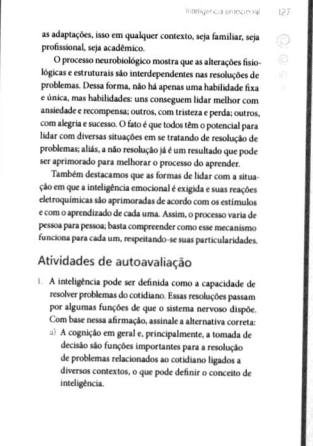

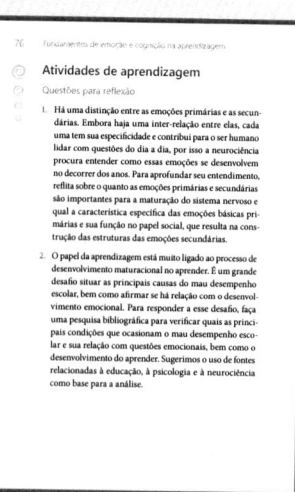

Bibliografia comentada

Nesta seção, comentamos algumas obras de referência para o estudo dos temas examinados ao longo do livro.

Bibliografia comentada

COSENZA, R.; GUERRA, L. Neurociência e educação: como o cérebro aprende. Porto Alegre: Artmed, 2009.
A obra traz ideias e contribuições para o diálogo entre os processos de aprendizagem e as neurociências, sendo direcionada a educadores e profissionais da saúde que trabalhem com esses temas da aprendizagem. O livro aborda os fatores e temas que podem ser aprofundados com base nas práticas do dia a dia de uma turma profissional, considerando-se o processo de aprendizagem de modo geral.

GAZZANIGA, M.; HEATHERTON, T.; HALPERN, D. Ciência psicológica. Porto Alegre: Artmed, 2018.
O livro proporciona um diálogo entre as neurociências e diversas áreas do conhecimento, de modo que, a cada tema abordado, é possível relacionar as atividades com o cotidiano de qualquer aluno da sociedade de modo geral. Explora as neurociências em uma visão geral para o estudo dos conceitos e a prática clínica de quaisquer profissionais que nos ajudam a entender os assuntos relevantes ao desenvolvimento do sistema nervoso.

EYSENCK, M. W.; KEANE, M. Manual de psicologia cognitiva. Porto Alegre: Artmed, 2017.
Esta obra traz o tratamento de processos de aprendizado a partir de uma visão do desenvolvimento cognitivo, mas explora diversos conteúdos atuais que são relevantes no processo da sala de aula, como linguagem, atenção, memória, consciência e tomada de decisão. É uma importante obra para o entendimento do estudo como vivência e cognição.

1
Sistema nervoso e emoções

O sistema nervoso tem diversas particularidades, como vias aferentes – aquelas que trazem as informações dos estímulos – e vias eferentes – as que executam a ação por meio de ordens do sistema nervoso central. Essas idas e vindas de informações do organismo humano afetam diretamente as emoções, consideradas como reações psicofisiológicas. Por esse motivo, é de grande importância entender o funcionamento do sistema nervoso e compreender quais mecanismos e áreas desse sistema estão envolvidos no processo do aprender somado às emoções.

Neste capítulo, abordaremos esse mecanismo em nível celular, bem como as ações das células nervosas diante do processo fisiológico e as principais estruturas envolvidas.

1.1
Neurociência celular das emoções

Você tem ideia do que move as emoções? Já pensou quais são seus disparadores? O que será que acontece quando ocorrem alterações psicofisiológicas por motivos externos – como ganhar um presente ou receber uma boa notícia – ou internos – como as lembranças de momentos familiares e conquistas particulares, do cheiro de terra molhada na casa da vovó?

O fato é que, por estimulação extrínseca ou intrínseca, por processos de pensamento ou ações externas, essas situações provocam uma mudança no organismo dos seres humanos. O que caracteriza e define as emoções, de acordo com Gazzaniga, Heatherton e Halpern (2018, p. 404), é que elas correspondem às respostas provocadas de forma imediata por um estímulo de ordem negativa ou positiva.

Essas respostas são divididas em três bases principais: fisiológica, comportamental e cognitiva. Basicamente, a **fisiológica** corresponde a alterações como pressão arterial, batimento cardíaco e temperatura; a **comportamental** corresponde a ações, movimentos, expressões etc.; a **cognitiva** é alterada a partir de processos de pensamento, memória, interpretação da sensação subjetiva etc. (LeDoux, 1998, p. 12-14; Esperidião-Antonio et al., 2008, p. 55-65; Manoel, 2017, p. 36-53; Sousa; Silva; Galvão-Coelho, 2015, p. 2-11).

As alterações emocionais também podem ser reguladas pelo **estado de humor** do indivíduo – bom ou mau humor –, causado ou não por um acontecimento do cotidiano. Por exemplo, uma pessoa vai comprar jornal pela manhã em uma banca de revistas e é maltratada pelo atendente, ficando, por consequência, irritada e com raiva (emoção); essa situação pode levar à alteração de humor identificável. Entretanto, existem situações em que pessoas iniciam o seu dia com a maior motivação, acordam cantando, sorriem para os pássaros na janela, cumprimentam seus familiares, tomam seu café com animação, sem que haja uma explicação específica para tanto bom humor (Gazzaniga; Heatherton; Halpern, 2018, p. 404).

Biologicamente, por que isso acontece? Quais serão as microalterações, ou seja, as bases celulares da alteração emocional e do humor? (Del Prette; Del Prette, 2003, p. 167-206).

As alterações microbiológicas envolvem desde células sensoriais até a **regulação central do sistema nervoso**. Há a interação de diversos tecidos, órgãos, células etc.; nossas alterações de níveis emocionais correspondem a integrações entre o sistema sensorial, o sistema endócrino e o sistema nervoso, por exemplo. As células responsáveis pelos órgãos dos sentidos – audição, visão, olfato, tato e paladar – captam as informações dos estímulos de ordem externa; posteriormente, esses estímulos passam por um processo de transdução[1], e as células aferentes, os gânglios e os nervos autônomos conduzem essas informações pelo sistema nervoso central, que, em conjunto com outros sistemas celulares, processa as informações recebidas. Depois, as informações são

---
1 Transdução: em física, "processo pelo qual uma energia se transforma em outra de natureza diferente", por exemplo, energia mecânica em eletroquímica (Houaiss, 2019).

conduzidas por células efetoras, que contribuem para a resposta emocional (Kandel et al., 2014, p. 940; Sadock; Sadock; Ruiz, 2017, p. 4-17). A Figura 1.1 ilustra esse funcionamento.

Figura 1.1 – Processo da interação do sistema nervoso, musculoesquelético, endócrino e sensorial

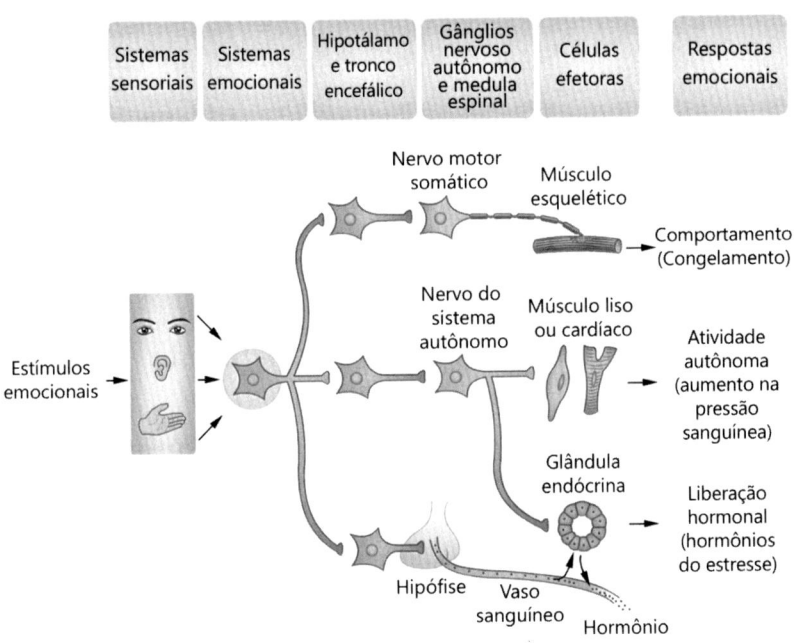

Fonte: Kandel et al., 2014, p. 939.

No ano de 1878, o neurologista francês Pierre Paul Broca, estudioso do sistema nervoso, em específico do cérebro, fez uma observação em mamíferos a respeito das células nervosas no encéfalo e identificou que havia um aglomerado, uma espécie de borda em volta do tronco encefálico (Jay, 2002, p. 250-251; Duvernoy, 2005, p. 5-6; Deacon, 2017, p. 212-225). Esse conjunto de células, posteriormente chamado de *sistema límbico*, era um dos principais responsáveis pela regulação e controle de determinados comportamentos voltados à distinção de situações que trazem satisfação, agradam ou não o indivíduo. Esse sistema de células nervosas foi identificado como um dos reguladores das emoções (Alves, 2013, p. 20). O médico estadunidense Paul MacLean foi o responsável por nomear esse conjunto de células e estruturas de *sistema límbico* (MacLean, 1955, p. 130-134; Nogueira; Ferreira, 2016, 50-70).

De acordo com Gazzaniga, Heatherton e Halpern (2018, p. 406), atualmente, sabe-se que nem todas as estruturas do sistema límbico estão envolvidas diretamente com as emoções, embora grande parte esteja. Entre as diversas estruturas desse sistema, há duas que são extremamente importantes para o funcionamento das emoções: a **ínsula** e a **amígdala**, ilustradas na Figura 1.2. A amígdala é a estrutura mais importante no que tange ao acionamento da emoção chamada *medo*.

Figura 1.2 – Ínsula e amígdala – estruturas cerebrais

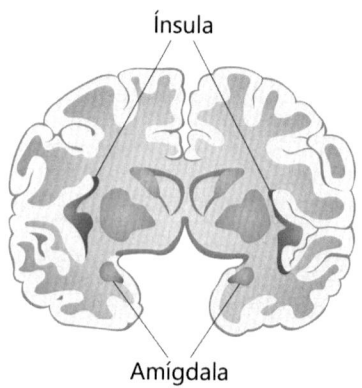

Fonte: Gazzaniga; Heatherton; Halpern, 2018, p. 407.

1.2
Bases anatômicas das emoções

O funcionamento das emoções requer a integração de diversas estruturas do organismo humano, relacionando-se aos sistemas nervoso, endócrino, musculoesquelético, entre outros. Você conhecerá as estruturas anatômicas que contribuem para o ciclo emocional ao longo deste tópico (Panksepp, 1986, p. 91-124; Venkatraman; Edlow; Immordino-Yang, 2017, p. 15; Dolan, 2002, p. 1191-1194).

Na Era Moderna, buscou-se uma explicação sobre o funcionamento do sistema emocional e, no final do século XIX, a ênfase foi dada à relação entre o encéfalo e as emoções. Inicialmente, a amígdala foi identificada como a principal e estrutura diretamente responsável pela regulação das emoções (Hamann; Mao, 2002, p. 15-19). A amígdala é extremamente relevante nas situações de medo, condicionados ou não, mas a interação dos órgãos e sistemas não se restringe apenas a essa estrutura cerebral; por exemplo, quando há uma reação ou resposta fisiológica do organismo e o encéfalo identifica os estímulos de forma muito rápida, há uma relação com outras regiões do corpo, como glândulas do sistema endócrino, envolvidas com inúmeras partes controladas pelo sistema nervoso autônomo que trazem uma resposta comportamental a partir do sistema musculoesquelético (Yoo et al., 2007, p. 877-878; Phelps, 2004, p. 198-202).

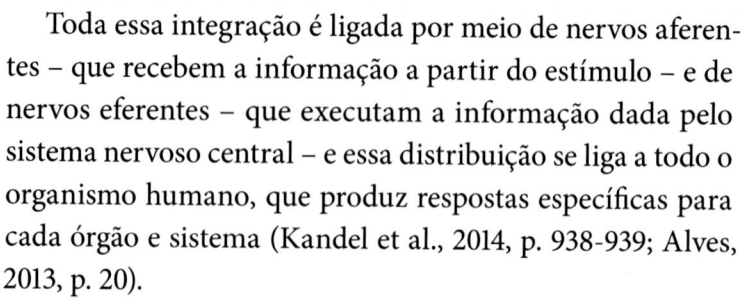

Toda essa integração é ligada por meio de nervos aferentes – que recebem a informação a partir do estímulo – e de nervos eferentes – que executam a informação dada pelo sistema nervoso central – e essa distribuição se liga a todo o organismo humano, que produz respostas específicas para cada órgão e sistema (Kandel et al., 2014, p. 938-939; Alves, 2013, p. 20).

Quando falamos de localização das estruturas do sistema nervoso, estamos nos baseando nos conhecimentos de neuroanatomia, a área da neurociência responsável pela identificação dos locais e regiões onde cada uma das partes tem contribuição para o funcionamento nervoso (Netter, 2017, p. 111-126). Por exemplo, como você já sabe, a amígdala é uma estrutura do sistema nervoso que tem determinada responsabilidade sobre a emoção denominada *medo*; ela está localizada no diencéfalo, região do lobo temporal medial do cérebro, que faz parte de um grande conjunto chamado *sistema límbico*, integrado por diversas estruturas, como hipocampo, giro cingulado e hipotálamo, e conhecido por ser o maior responsável pelas emoções.

Figura 1.3 – Estruturas do sistema límbico

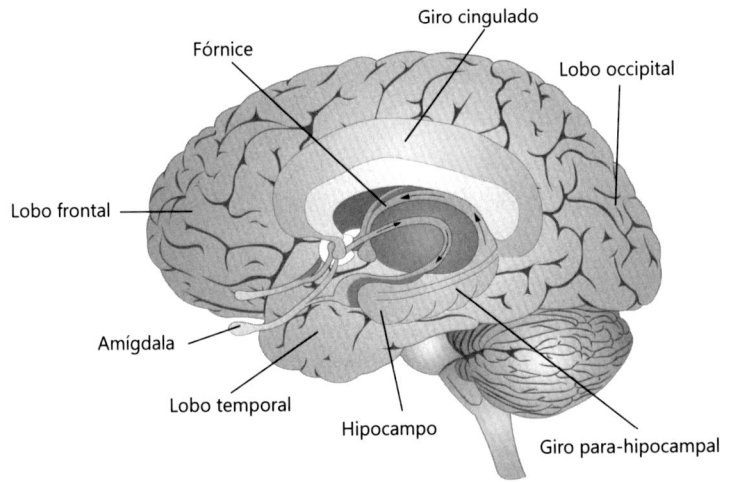

Fonte: Kandel et al., 2014, p. 942.

Por volta de 1937, o neurocientista James Papez sugeriu que o sistema emocional do organismo humano é constituído por pelo menos quatro estruturas básicas do encéfalo: hipotálamo, núcleos anteriores do tálamo, hipocampo e córtex singular. Posteriormente, esse conjunto de estruturas foi nomeado *circuito de Papez* (Yang; Kwon; Jang, 2016, p. 34-38). Cada uma dessas partes tem uma responsabilidade no processo do sistema emocional: o **hipotálamo** é considerado a parte mais importante desse circuito, pois é o regulador do sistema endócrino e da homeostasia e também de funções vitais, como temperatura, funcionamento cardíaco, pressão arterial e outras; em conjunto com a glândula hipófise, controla o sistema endócrino (Alves, 2013, p. 20-21; LeDoux, 2000, p. 155-184).

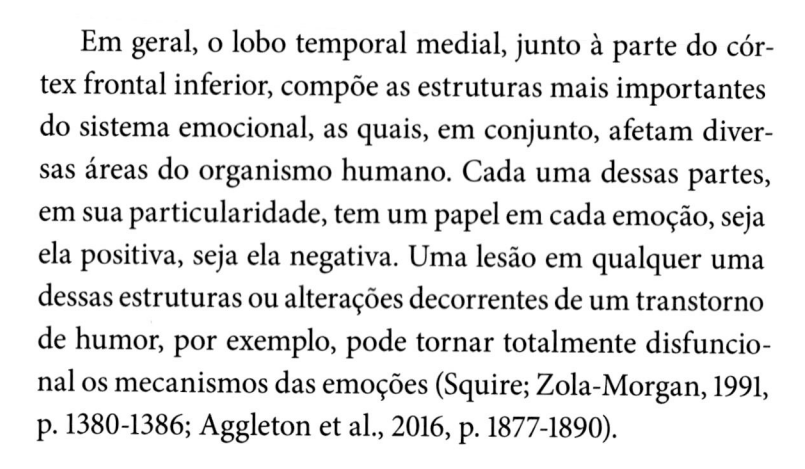

Em geral, o lobo temporal medial, junto à parte do córtex frontal inferior, compõe as estruturas mais importantes do sistema emocional, as quais, em conjunto, afetam diversas áreas do organismo humano. Cada uma dessas partes, em sua particularidade, tem um papel em cada emoção, seja ela positiva, seja ela negativa. Uma lesão em qualquer uma dessas estruturas ou alterações decorrentes de um transtorno de humor, por exemplo, pode tornar totalmente disfuncional os mecanismos das emoções (Squire; Zola-Morgan, 1991, p. 1380-1386; Aggleton et al., 2016, p. 1877-1890).

1.3
Neurofisiologia das emoções

Você já se perguntou como nossas emoções funcionam? Já vimos, biologicamente, em quais locais elas se encontram – uma breve visão celular. Mas como será que funcionam e quais são as substâncias envolvidas?

Para responder a essas perguntas, vamos iniciar uma abordagem sobre neurofisiologia, ou seja, vamos tratar de como ocorre o funcionamento do sistema nervoso, quais são as substâncias envolvidas quando sentimos alegria, tristeza, raiva, medo, repulsa e surpresa (Cole, 2016, p. 265; Bauer et al., 2017, p. 86-107).

Como já mencionamos, as emoções são **reações psicofisiológicas** que o organismo humano produz diante de situações intrínsecas e extrínsecas. Com base em mecanismos eletrônicos, como ressonância magnética e tomografia por pósitrons, é possível identificar as alterações funcionais do sistema nervoso e como acontecem. Por exemplo, um indivíduo que sofre um acidente que provoque uma lesão na amígdala (estrutura cerebral responsável fisiologicamente pelo medo) terá uma alteração quanto à percepção de condições que envolvam emoções (Méndez-Bértolo et al., 2016, p. 1041). Também por meio de avaliações de ressonância magnética, é possível identificar as ativações fisiológicas de estruturas como córtex orbitofrontal lateral em caso de situações emocionais de raiva; ou seja, existe relação fisiológica de diversas estruturas cerebrais no funcionamento das emoções (Ramos, 2015, p. 239-245).

De acordo com Kandel et al. (2014, p. 940), no início do século XX, pesquisas voltadas ao funcionamento do sistema nervoso foram feitas em animais e, com base nesses estudos, foi identificado que, mesmo com a remoção de estruturas do telencéfalo, ainda havia uma forma de mediação das emoções por meio de partes subcorticais.

O sistema nervoso apresenta mensageiros responsáveis por conduzir, de forma química, as informações recebidas e efetuadas – os **neurotransmissores**. Há diversos em nosso organismo e cada um com sua peculiaridade na execução das tarefas. Todas essas substâncias químicas relacionadas aos neurônios ficam armazenadas em vesículas, que são bolsas localizadas na extremidade do axônio (Tuma et al., 2016, p. 693). Os neurotransmissores são liberados em uma fenda sináptica, região na qual acontecem as sinapses químicas e a comunicação entre os neurônios para formar as redes de informações. Para cada emoção, há um neurotransmissor específico; por exemplo, na regulação do humor, há um neurotransmissor chamado *acetilcolina*, que auxilia no processo de aprendizagem, no tônus muscular e no sistema emocional. Em conjunto com o sistema neuroendócrino, a acetilcolina media o controle hormonal. (Andrade et al., 2003, p. 3)

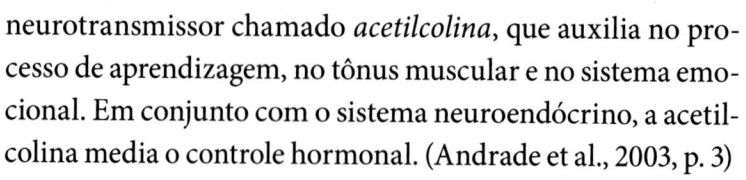

Uma substância importante na ação relacionada à euforia é a **endorfina**, que está ligada à dopamina. Ela pode trazer sensações de prazer e de alegria, mas também de alívio de dores em machucados. A **dopamina** pode produzir diversos resultados dependendo apenas das funções que lhe são exigidas. Por exemplo, ela pode estar ligada ao comportamento motor e, caso haja a ausência dessa substância no gânglio basal, pode haver comprometimento motor (Sulzer; Cragg; Rice, 2016, p. 123-148). Sua alta concentração no lobo frontal influencia no desajuste em funções cognitivas, como atenção, mas também é um dos reguladores da emoção primária denominada *alegria*.

A **noradrenalina** é outro neurotransmissor, especializado na regulação do estado de alerta e de funções cognitivas, como a memória. A **serotonina** é o neurotransmissor responsável pelo controle vital do sono e da vigília, da pressão sanguínea e dos batimentos cardíacos. Uma queda no nível de serotonina pode ocasionar quadros clínicos de transtornos de humor, como depressão (Andrade et al., 2003, p. 4).

Como você pode perceber, essas substâncias são fundamentais para o funcionamento do sistema nervoso. Cada uma tem sua peculiaridade em suas funções e contribui para o todo de uma maneira micro-orgânica, bem como age no processo de ação de cada órgão e sistema no corpo humano. Há uma relação significativa com o controle, o equilíbrio e a regulação das funções do organismo, bem como com a ativação e ação das emoções como um processo psicofisiológico.

É importante entender que, em cada momento do dia, os neurotransmissores estão agindo. Imagine, por exemplo, aquele dia em que você acorda atrasado e encontra um trânsito imenso; olha a cada segundo para o relógio e percebe que está cada vez mais atrasado. O que você sente? Alguns sentirão um aumento do batimento cardíaco, sudorese, alteração no tônus muscular, tudo coordenado e regulado com ações dos neurotransmissores.

Da mesma forma, a alegria de encontrar uma pessoa que há muito não se via ou de receber uma boa notícia provoca aumento de dopamina, por exemplo, juntamente com outros neurotransmissores. Sim! É importante lembrar que a ação não é única, ou seja, são diversas mudanças ao mesmo tempo. Uma mudança de pressão arterial pode ocorrer durante a raiva, assim como ruborização do rosto e aumento no batimento cardíaco. Isso acontece porque existe uma relação significativa entre dopamina e noradrenalina no que se refere ao estado de alerta, bem como o controle de funções vitais pela serotonina.

Enfim, quando nos referimos à neurofisiologia, estamos tratando da harmonia do organismo humano como um todo e das relações entre hormônios, células nervosas, neurotransmissores, órgãos, tecidos, músculos, movimento, cognição e outras condições mais. Todo e qualquer ser humano depende da ativação dessas substâncias porque são elas que contribuem, em sua especificidade, para o funcionamento, a regulação e o controle do ciclo vital nas ações de pensar, agir, dormir, acordar e em inúmeras outras atividades. São diversas as áreas do sistema nervoso e em cada região há uma concentração de neurotransmissores envolvidos na execução de tarefas.

1.4
Neuroplasticidade das emoções

Quando tratamos de plasticidade cerebral, é essencial mencionar a importante reorganização que ocorre no cérebro por meio das conexões nervosas. Imagine que uma pessoa, por uma causa qualquer, sofra um acidente que provoca uma lesão cerebral em áreas de menor complexidade. Por exemplo, em razão de um acidente automobilístico, há um impacto muito forte que agride as estruturas do lobo occipital (estrutura em nível cortical responsável pela visão). A pessoa terá um comprometimento de percepção de cores e começará a enxergar apenas em preto e branco, mas ainda consegue ver formas, objetos, pessoas etc. Para essa pessoa, o fato de perceber cores pode levá-la a readaptar sua capacidade visual. Uma história semelhante foi contada pelo neurologista inglês Oliver Sacks, em seu livro *Um antropólogo em Marte* (Sacks, 2006). O autor retrata a história de um pintor que tinha notável habilidade com cores, porém, em um determinado dia, sofreu um acidente e, depois de um tempo, não conseguia mais distinguir cores. O interessante é que sua precisão focal em relação à sua visão ficou mais precisa, mas não conseguia ver mais nada além de preto, branco e cinza. Posteriormente, sua vida foi readaptada e ele se tornou mais hábil para suas novas atividades envolvendo a visão.

O exemplo mencionado mostra que a **plasticidade cerebral** é uma forma de readaptação do sistema nervoso diante de novas situações relacionadas ao aprender. Mas como será que isso acontece quando se trata de emoções? Será possível readaptar a aprendizagem de uma emoção? Por exemplo, reaprender a alegria, o medo, a repulsa ou ter uma nova aprendizagem da raiva ante uma situação? De acordo com Rotta, Bridi Filho e Bridi (2018, p. 4-5), estudos nos últimos 20 anos voltados à neuroplasticidade indicam grande variabilidade de possíveis formas de reorganização e readaptação cerebral, tanto no nível das sinapses como no tocante a remodelamento neuronal ou neurogênese. Outra questão levantada refere-se à relação entre emoções, plasticidade cerebral e cognição. A memória, por exemplo, pode sofrer um processo de modulação por meio das emoções quando evocada, assim como pelo nível de consciência e pelo estado de humor.

Izquierdo (2018, p. 44) define a plasticidade como a organização em conjunto de forma fisiológica em nível de células e moléculas, diante de estímulos que alteram suas respostas mediante a capacidade das células nervosas. O autor menciona também que isso acontece em virtude da nova aprendizagem, o que ocasiona nova formação de memória. Portanto, é possível inferir que, com base em novas experiências, constroem-se novas redes neuronais mediante readaptação e aprendizagens. Todavia, é importante ressaltar que isso ocorre não apenas por causa das estruturas biológicas, mas também em razão de um ambiente estimulador.

As emoções são essenciais ao processo cognitivo e às expressões corporais, isto é, a ligação entre eles é intrínseca. Assim, quando uma nova aprendizagem é provocada mediante a estimulação extrínseca em nível emocional, ela desencadeia alterações de processos cognitivos e, consequentemente, mudanças no corpo humano, como batimentos cardíacos e respiração, o que ocasiona novos meios do aprender por meio das emoções (Damásio, 2015, p. 115).

Para ajudar na compreensão do que acabamos de explicar, vamos analisar a situação hipotética do primeiro filho de um casal, que já havia presenciado, inúmeras vezes, a notícia do nascimento de uma criança de outros casais. Mesmo tendo a lembrança desse tipo de notícia, quando ela chega ao casal, o contexto "nascimento de uma criança" muda totalmente, pois, mesmo depois de alguns anos e com a evocação da lembrança em relação à notícia, a consolidação dessa memória acarreta alterações fisiológicas peculiares, ou seja, ocorreu uma nova aprendizagem sobre um fato que acontecia com outras pessoas.

Outro exemplo sobre essas mudanças também pode ser relacionado a emoções como o medo. Imagine alguém que sempre utilizou elevador em seu cotidiano, mas, certo dia, o elevador não funciona, trava e não sai mais do lugar, com as portas fechadas. Até o seu resgate, o indivíduo tem uma experiência um tanto quanto desconfortável e isso ocasiona uma nova aprendizagem por meio da emoção denominada *medo*. Assim, pressupomos que esse indivíduo não consiga utilizar o elevador quando precisar. Por meio de alguns métodos, como sessões psicoterápicas, esse indivíduo poderá reaprender a lidar com suas emoções diante de mecanismos diversos para se readaptar e ter novas aprendizagens em face de sua dificuldade.

Portanto, a plasticidade cerebral está relacionada diretamente às emoções, à cognição e ao comportamento humano. Todo e qualquer processo cognitivo acompanha uma mudança no aprender e mudanças no corpo relacionadas a processos psicofisiológicos de ordem emocional.

1.5
Emoção e sentimento

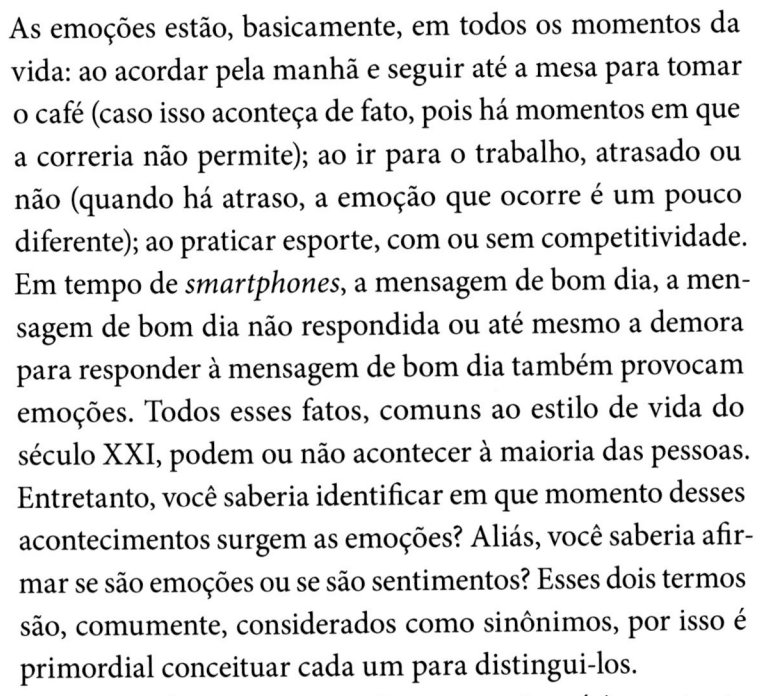

As emoções estão, basicamente, em todos os momentos da vida: ao acordar pela manhã e seguir até a mesa para tomar o café (caso isso aconteça de fato, pois há momentos em que a correria não permite); ao ir para o trabalho, atrasado ou não (quando há atraso, a emoção que ocorre é um pouco diferente); ao praticar esporte, com ou sem competitividade. Em tempo de *smartphones*, a mensagem de bom dia, a mensagem de bom dia não respondida ou até mesmo a demora para responder à mensagem de bom dia também provocam emoções. Todos esses fatos, comuns ao estilo de vida do século XXI, podem ou não acontecer à maioria das pessoas. Entretanto, você saberia identificar em que momento desses acontecimentos surgem as emoções? Aliás, você saberia afirmar se são emoções ou se são sentimentos? Esses dois termos são, comumente, considerados como sinônimos, por isso é primordial conceituar cada um para distingui-los.

Para esclarecer as questões propostas, é importante especificar e detalhar o que realmente acontece em cada evento citado. Ao acordarem, algumas pessoas apresentam um determinado tipo de humor – podem se mostrar bem-humoradas ou mal-humoradas. Tudo dependerá de como foi a noite de sono e de como essa pessoa foi acordada, se está um céu limpo ao amanhecer ou totalmente nublado, ou seja, tanto condições extrínsecas como intrínsecas podem afetar diretamente o estado de humor de um indivíduo ao acordar.

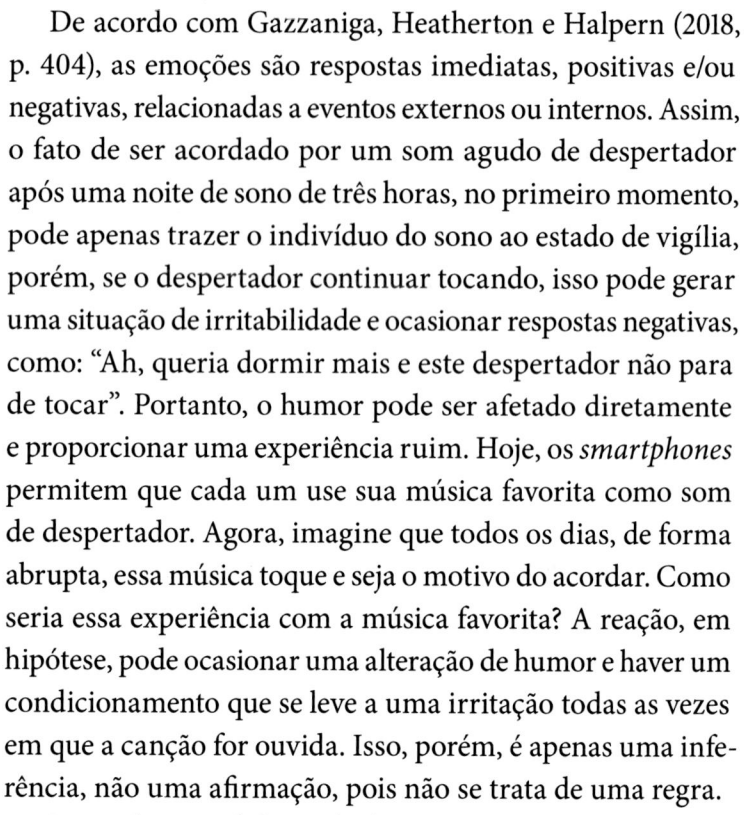

De acordo com Gazzaniga, Heatherton e Halpern (2018, p. 404), as emoções são respostas imediatas, positivas e/ou negativas, relacionadas a eventos externos ou internos. Assim, o fato de ser acordado por um som agudo de despertador após uma noite de sono de três horas, no primeiro momento, pode apenas trazer o indivíduo do sono ao estado de vigília, porém, se o despertador continuar tocando, isso pode gerar uma situação de irritabilidade e ocasionar respostas negativas, como: "Ah, queria dormir mais e este despertador não para de tocar". Portanto, o humor pode ser afetado diretamente e proporcionar uma experiência ruim. Hoje, os *smartphones* permitem que cada um use sua música favorita como som de despertador. Agora, imagine que todos os dias, de forma abrupta, essa música toque e seja o motivo do acordar. Como seria essa experiência com a música favorita? A reação, em hipótese, pode ocasionar uma alteração de humor e haver um condicionamento que se leve a uma irritação todas as vezes em que a canção for ouvida. Isso, porém, é apenas uma inferência, não uma afirmação, pois não se trata de uma regra.

Segundo Kandel et al. (2014, p. 938) e Gazzaniga, Heatherton e Halpern (2018, p. 404), as emoções são, basicamente, respostas relacionadas a alterações psicofisiológicas; contudo, há uma interpretação subjetiva, isto é, uma experiência dessas alterações que não corresponde à própria emoção, mas à percepção dela. Os autores ainda explicam que os sentimentos são interpretações criadas pelo encéfalo para a alteração fisiológica provocada pelo organismo.

Vamos exemplificar esse aspecto detalhadamente. Imagine que, ao sentar-se pela manhã à mesa do café com seus familiares, um dos integrantes da reunião matinal comece a bater os pés de forma despercebida e isso irrite você. Desconfortável com a situação, de repente, você grita "Pare!". Toda essa situação provoca um estado emocional de raiva (ocasionado por alterações psicofisiológicas, como mudança no batimento cardíaco) e essa sensação lhe traz uma avaliação por meio da cognição: estou com raiva por causa das batidas dos pés do meu familiar. Essa avaliação pode ser considerada o sentimento, pois se refere a uma interpretação do estado de raiva provocado pela situação.

No entanto, as condições da relação entre a avaliação subjetiva e a alteração fisiológica – que ocorre de forma não consciente na maioria das vezes – estão presentes em todas as emoções. É possível dizer, de forma simplificada, que o sentimento é nada mais do que a emoção vivenciada. Por exemplo, um bolo de chocolate não representa um familiar, é apenas um doce produzido por alguém com determinados ingredientes. Entretanto, quando o bolo é preparado pela vovó da família, criam-se experiências por meio disso. Essa vivência interage com os órgãos dos sentidos, isto é, o cheiro, o sabor, a visão do bolo ativam células específicas que produzem alterações fisiológicas inicialmente, que, depois, criam **interpretações do encéfalo,** os já mencionados **sentimentos,** que são peculiares a cada indivíduo.

De acordo com Damásio (2015, p. 114), existe um sistema que inclui a emoção e o sentimento, um processo que se inicia no encéfalo. Há uma interpretação que faz a avaliação do estímulo externo, a qual ocorre em virtude de uma integração de áreas corticais junto ao tronco encefálico. Todo esse mecanismo está ligado ao raciocínio, uma construção de imagens mentais que, por meio de percepções, resultam das vivências de cada indivíduo, ou seja, existe uma ligação inerente entre emoção, sentimento e cognição, pois, para esse conjunto de ações, é necessário haver uma organização dos estímulos externos e alterações internas.

Novas aprendizagens vão gerar novas interpretações, e novas avaliações subjetivas vão influenciar no processo psicofisiológico que cada um desenvolve. O ciclo é tão integrador que um indivíduo pode ora gostar de um determinado alimento, ora não gostar desse mesmo alimento, pois uma experiência não muito agradável em relação ao preparo desse alimento pode desencadear uma avaliação subjetiva negativa e provocar uma reação de repulsa. Enfim, todo o processo, como mencionamos, é integrador e qualquer alteração ou aprendizagem, qualquer que seja a vivência, ocasiona uma nova experiência que pode mudar tanto as alterações psicofisiológicas quanto a interpretação delas.

Síntese

Neste capítulo, vimos como ocorre o funcionamento do sistema nervoso e que, quando o assunto é neurociência, esse conhecimento é imprescindível, pois esse conjunto de estruturas e funções permite entender o motivo de uma reorganização e readaptação em nível cerebral, por exemplo. Trata-se de reaprender. Analisamos também o funcionamento dos processos neurofisiológicos, como é a estrutura de uma célula nervosa, sua principal função, ação e envolvimento com outras substâncias químicas do organismo humano, de órgãos e tecidos, o que auxilia na compreensão de diversas condições do aprender e do não aprender, tanto em nível educacional como no nível do desenvolvimento humano, desde os primeiros anos de vida até a velhice.

As células nervosas e suas reações eletroquímicas, as estruturas cerebrais, o funcionamento das emoções e sua relação com os processos de pensamento e o comportamento são fundamentais para o ser humano integral, razão pela qual a compreensão de todo o funcionamento que envolve anatomia e fisiologia se faz importante para o entendimento do todo, desde a camada celular até a parte macro com as estruturas do sistema nervoso.

Atividades de autoavaliação

1. Com base no que abordamos sobre a neurociência celular das emoções, assinale a alternativa correta:
    a) Pierre Paul Broca identificou uma camada de células em volta do sistema nervoso periférico que, posteriormente, foi denominada *córtex pré-frontal*.
    b) O sistema de células nervosas regulador das emoções chama-se *tronco encefálico*.
    c) Para o estadunidense Paul MacLean, o aglomerado de células regulador das emoções constituiu o que se chama *formação reticular*.
    d) Pierre Paul Broca, em seus estudos aprofundados em neurociências, afirmava que o lobo occipital era o principal responsável pelas emoções.
    e) Pierre Paul Broca identificou que o aglomerado de células denominado *sistema límbico* é o principal regulador das emoções.

2. Assinale a alternativa correta a respeito de neuroanatomia:
   a) A amígdala é uma estrutura cerebral de extrema importância na regulação da emoção denominada *medo*.
   b) O lobo temporal medial tem grande importância no funcionamento do córtex cerebral, porém não tem relação nenhuma com as emoções e o processo do aprender.
   c) O lobo frontal é o único responsável pelo desenvolvimento das emoções e do comportamento humano.
   d) A amígdala tem a responsabilidade de regulação dos ciclos vitais, mas não tem relação nenhuma com as emoções.
   e) A amígdala é responsável pela regulação dos ciclos de funcionamento do sistema cardiovascular e do sistema digestório.

3. O sistema nervoso funciona de forma peculiar envolvendo estruturas cerebrais e reações eletroquímicas no recebimento e na emissão das informações. Dessa forma, é possível afirmar que:
   a) o hipotálamo é o principal mensageiro do sistema nervoso, que recebe e envia informação a todo o organismo humano.
   b) o córtex cerebral não recebe informações em nível celular e, por esse motivo, não há emissão de informações a partir dessa base.
   c) os neurotransmissores são considerados os mensageiros do sistema nervoso e, a partir deles, há recepção e emissão de informações.

d) a hipófise é a principal estrutura funcional do sistema nervoso para a recepção e a emissão de informações eletroquímicas no que se diz respeito às emoções.
e) o hipotálamo tem como objetivo de funcionamento principal o controle, a regulação e a coordenação do sistema musculoesquelético e, junto com a amígdala, é o responsável pelo movimento do corpo humano.

4. Assinale a alternativa correta no que se refere à definição de *plasticidade cerebral*:
   a) A plasticidade cerebral é definida como a capacidade de organização em conjunto de células e outras moléculas, de modo que ocorram alterações nas respostas a estímulos recebidos, de acordo com a capacidade celular.
   b) A plasticidade cerebral caracteriza-se por uma função contínua de intensidade emocional.
   c) Pode-se definir a plasticidade cerebral como a morte celular e as desregulações das estruturas corticais.
   d) Não há uma definição exata para plasticidade cerebral, mas sabe-se que é uma ação que envolve apenas a amígdala.
   e) A plasticidade cerebral é definida como a capacidade com a qual o sistema nervoso organiza em conjunto suas sinapses para atividades neuroendócrinas.

5. De acordo com Gazzaniga, Heatherton e Halpern (2018, p. 404), as emoções podem ser definidas como:
   a) mudanças fisiológicas em nível musculoesquelético, com impacto no sistema nervoso periférico.
   b) alterações comportamentais que produzem reações eletroquímicas de origem externa.
   c) reações eletroquímicas que são reguladas por estruturas apenas do córtex frontal.
   d) basicamente, alterações psicofisiológicas decorrentes de respostas negativas ou positivas diante de eventos internos ou externos.
   e) alterações químicas em nível básico, que apenas afetam os seres humanos em situações de perigo.

Atividades de aprendizagem

Questões para reflexão

1. O processo de funcionamento emocional se caracteriza por diversas particularidades, razão pela qual é relevante compreender a importância das emoções para o organismo como um todo. Com base nessas informações, descreva, de forma objetiva, qual é o papel das emoções no desenvolvimento humano em relação ao aprender.

2. Para analisar melhor as emoções em nível fisiológico, é importante compreender quais estruturas estão envolvidas nesse processo. Por isso, além da composição nervosa, que tal procurar entender qual é a relação dos outros sistemas do organismo humano com as alterações psicofisiológicas? Por meio de uma pesquisa em livros de neurociência, em *sites* de pesquisa voltados às áreas biológicas e, principalmente, em materiais científicos voltados ao estudo sobre as emoções, como artigos e periódicos especializados em neurociência, aprofunde os conhecimentos acerca da relação entre as emoções e o processo do aprender.

Atividade aplicada: prática

1. Considerando os aspectos fisiológico e anatômico das emoções, crie um questionário com, aproximadamente, seis questões (abertas ou fechadas) e entreviste dois profissionais da educação para verificar o que conhecem sobre do funcionamento das emoções e o aprender. Veja o resultado e compare as respostas das entrevistas.

2
Fundamentos de emoção e cognição na aprendizagem

Neste capítulo, abordaremos como as emoções contribuem para a aprendizagem e quais suas principais influências nesse processo. Você sabe como a emoção é processada no aprender? Quais são os principais recursos empregados para o funcionamento da emoção e a organização das informações recebidas? A cognição é fundamental na aprendizagem, que cria uma complexa a ligação entre funções psicofisiológicas e a coordenação por meio das redes neuronais. A emoção, por sua vez, está ligada à cognição em todos os níveis, tanto de forma primária (inata) como de forma secundária (social).

Um processo cognitivo que requer alta demanda de atenção, como é a tomada de decisão, exige uma ligação entre esses mecanismos atencionais e decisórios e as emoções. Por exemplo, uma pessoa que esteja em uma rua deserta e se depare com um cão pode apresentar diferentes reações: correr por causa da ativação da emoção *medo* ou tomar a decisão de parar e acariciar o animal caso goste muito de cães, ativando, assim, a emoção *alegria*, por exemplo. Isso mostra que as emoções podem ser aprendidas e desenvolvidas socialmente, de acordo com a relação com o ambiente.

2.1
Emoções primárias e aprendizagem

No capítulo anterior, vimos o que é emoção, mas não há apenas uma definição para esse conceito. Como você deve lembrar, usamos a expressão *alterações fisiológicas*, porém existe uma característica importante a ser considerada: essas alterações decorrem em um plano inicial inato, isto é, que está ligado ao indivíduo desde o seu nascimento (Pascual-Leone; Kramer, 2017, p. 212-215; Tenhouten, 2017, p. 141-167; Rolls, 2018, p. 23-30).

De acordo com Gazzaniga, Heatherton e Halpern (2018, p. 405), "as emoções primárias são, basicamente, alegria, medo, tristeza, repulsa, raiva, surpresa e desprezo [...] essas emoções são compartilhadas culturalmente, de forma evolutiva e adaptativa".

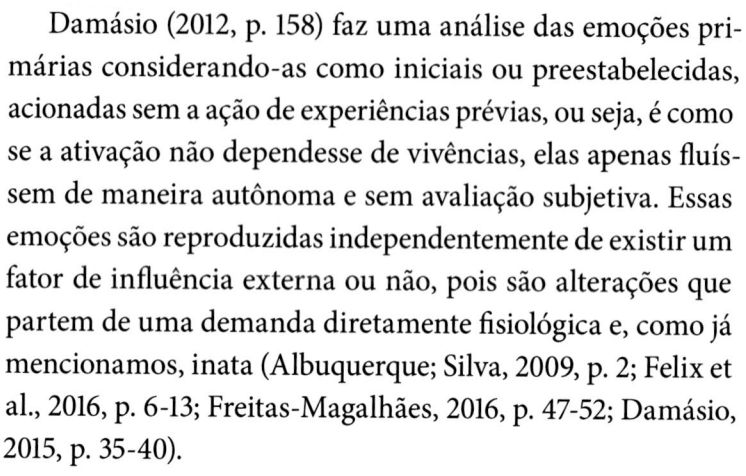

Damásio (2012, p. 158) faz uma análise das emoções primárias considerando-as como iniciais ou preestabelecidas, acionadas sem a ação de experiências prévias, ou seja, é como se a ativação não dependesse de vivências, elas apenas fluíssem de maneira autônoma e sem avaliação subjetiva. Essas emoções são reproduzidas independentemente de existir um fator de influência externa ou não, pois são alterações que partem de uma demanda diretamente fisiológica e, como já mencionamos, inata (Albuquerque; Silva, 2009, p. 2; Felix et al., 2016, p. 6-13; Freitas-Magalhães, 2016, p. 47-52; Damásio, 2015, p. 35-40).

As emoções primárias ou básicas são organizadas e repassadas de forma hereditária (Freitas-Magalhães, 2015, p. 34-92; Carvalho; Amaro, 2015, p. 57-59). Todas essas reações psicofisiológicas denominadas *emoções primárias* ou *básicas* são readaptadas para um contexto de sobrevivência. Por exemplo, considerando todo o nosso contexto de evolução e adaptação como espécie, a emoção primária de repugnância ou repulsa, também conhecida como *nojo*, tinha por objetivo impedir que o indivíduo bebesse ou comesse algo venenoso (Mucenecki, 2016, p. 16-21; Doellinger et al., 2017, p. 1-9; Teodósio, 2018, p. 3-12).

O medo, ainda no que se refere à evolução e à adaptação, tem importância fundamental para a preservação da espécie, pois, em todos os contextos, existe a necessidade de cuidado com determinados comportamentos diante de várias situações que envolvem a condição de autopreservação e que estão intimamente ligadas às emoções primárias, em contextos de alimentação, trabalho, cuidado e preservação da espécie, esquiva, fuga, entre outros. Assim, é possível inferir que as emoções auxiliam na perpetuação da espécie humana (Damásio, 2015, p. 74; Santos, 2007, p. 173-178).

De acordo com Vasco (2013, p. 39), as emoções primárias são organizadas tendo em vista duas condições: bem-estar e sobrevivência. O autor discute um paradoxo entre vivências agradáveis e desagradáveis em relação ao desenvolvimento e à evolução humana e defende que a busca pela sobrevivência e, consequentemente, pelo bem-estar seria necessária para o processo adaptativo (Lino, 2004, p. 1-6). Ou seja, a relação entre as emoções primárias seria estabelecida entre aquilo que gera um desconforto e a busca por uma situação de prazer que pudesse ser desfrutada.

Vasco (2013, p. 39-40) ainda argumenta que classificar as emoções como positivas ou negativas seria uma abordagem simplista e inadequada, uma vez que o ideal é tratá-las como agradáveis e desagradáveis; estas últimas seriam, ainda, adaptativas ou não adaptativas. Como exemplo de emoção adaptativa, mas desagradável, podemos citar a perda de um ente querido – emoção acionada é a tristeza, mas ocorre um processo adaptativo importante (Lerner et al., 2015, p. 808-810; Petty; Briñol, 2015, p. 1-26; Gross, 2015, p. 1-20).

É preciso entender que as emoções primárias contribuem para o desenvolvimento evolutivo da espécie, de modo que cada emoção acionada cumpre um papel importante no sistema fisiológico, de sobrevivência e preservação da espécie, pois, nesse caso, há uma adaptação em face de novos ambientes (Opialla et al., 2015, p. 45-55; Tang; Hölzel; Posner, 2015, p. 213; Aldao; Sheppes; Gross, 2015, p. 263-278). A tristeza tem papel relevante em relação a situações de elaboração do luto. O medo, por sua vez, é necessário em uma situação de perigo – seja em uma ponte alta e sem estrutura adequada, seja diante de um ataque de um animal feroz. A raiva contribui para uma ação importante na tomada de decisão ou, até mesmo, para a disposição ao acordar pela manhã. Enfim, são as mais diversas situações que mostram a importância dessas reações psicofisiológicas denominadas *emoções primárias* ou *básicas* (Dolan, 2002, p. 1191-1194; Beer et al., 2006, p. 871-879).

2.2
Emoções secundárias e aprendizagem

Como você viu na seção anterior, as emoções primárias correspondem a respostas fisiológicas de ordem imediata, sendo, portanto, reações produzidas pelo organismo humano que afetam direta ou indiretamente os órgãos, os tecidos e entre outros elementos (Sacco; Sacchetti, 2010, p. 649-656; Damásio, 1995, p. 19-25; Sites, 1990, p. 7-33; Young et al., 2010, p. 845-851).

Com base nessa afirmação, surgem algumas perguntas: As emoções ficam apenas nesse estado primário? Cada uma tem sua especificidade, sem se relacionar com outras? Será que a alegria influencia a raiva, ou o medo tem ligação, em algum momento, com a repulsa, ou a tristeza não tem nenhuma ligação com a surpresa ou determinada situação?

Inicialmente, as emoções são, sim, uma demanda relacionada a estímulos externos ou internos, porém isso pode ir mais além; é possível identificar até mesmo que, em vários contextos, há uma ligação e integração entre elas. Como mencionado, existe uma mistura dessas emoções, cada uma se relaciona, de certa forma, com as demais, surgindo, assim, as emoções secundárias. Ao contrário das emoções primárias, que são um grupo seleto enumerado, as emoções secundárias são inúmeras e diversas, pois sua combinação pode gerar enorme variabilidade (Izard, 2013, p. 4-12, 9-11; Bailey; Wood, 1998, p. 509-523).

Portanto, o que caracteriza a emoção secundária é a mistura das emoções primárias. É possível supor que o medo, somado à alegria, gere a ansiedade. Por exemplo, você sente alegria ao fazer uma entrevista de emprego para uma vaga tão esperada, mas o medo de não conseguir passar no processo seletivo gera uma emoção secundária, a ansiedade.

Outro exemplo que podemos citar é a mistura de tristeza e raiva, que pode ocasionar uma condição de empatia: imagine que seu amigo tenha sido demitido do trabalho mesmo sendo um dos melhores colaboradores; a tristeza do desligamento de seu amigo da empresa, somada à raiva de, teoricamente, essa ter sido uma situação "injusta" porque ele era um bom colaborador, aciona a empatia (Gazzaniga; Heatherton; Halpern, 2018, p. 404-405; Berridge, 2003, p. 25-51).

Desse modo, essas emoções requerem, além de contribuição das emoções primárias, a ação de outros estados de funcionamento biológico, como a vivência, ou avaliação subjetiva das emoções, e a ativação do sistema nervoso autônomo, que envolve mudanças fisiológicas intensas, como ficar com dor de estômago um dia antes de fazer uma viagem tão esperada ou receber os parabéns pessoalmente, no dia de seu aniversário, de alguém muito importante afetivamente (Mascolo;

Fischer, 2010, p. 42-63). Essas experiências resultam na construção, em cada indivíduo, de uma forma de interpretação de cada emoção. O social está muito ligado ao desenvolvimento dessas emoções, sendo as emoções secundárias conhecidas também como *emoções evolutivas* e *sociais*, pois a maneira de vivenciar a emoção para um indivíduo pode ser totalmente diferente para outro.

A relação fisiológica e comportamental de nosso organismo com as emoções é tão intensa que, a cada acionamento emocional, o corpo humano demonstra uma reação de atividade. De acordo com Gazzaniga, Heatherton e Halpern (2018, p. 406), o corpo humano pode ser mapeado em relação às emoções durante essa atividade fisiológica e, dependendo da emoção acionada, ele pode produzir maior ou menor intensidade.

Os autores comentam uma pesquisa aplicada com indivíduos de diversas culturas para estudar suas reações emocionais. No recurso computacional usado, as regiões do corpo em atividades ficavam coloridas ao serem ativadas as emoções quando os participantes assistiam a filmes ou liam um texto. A Figura 2.1 ilustra a atividade do corpo diante de determinada emoção. Observe que as partes coloridas com cores quentes representam maior atividade e as partes com cores frias, menor atividade.

Figura 2.1 – Descrição ilustrativa da atividade corporal em relação às emoções

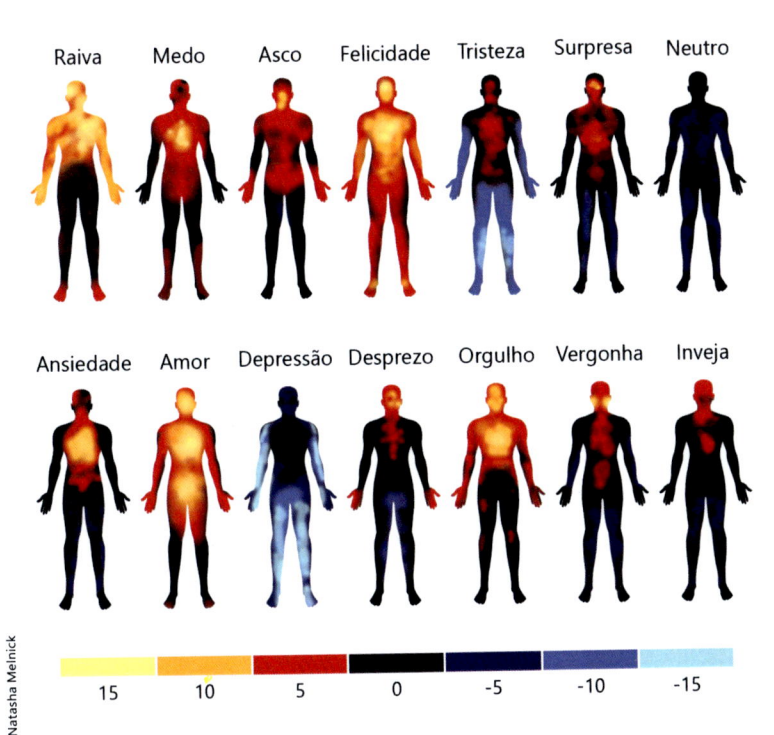

Fonte: Gazzaniga; Heatherton; Halpern, 2018, p. 406.

Depois de observar a ilustração, é possível compreender como as emoções têm profunda relação com fatores comportamentais, como sudorese, mudança de expressão facial, batimento cardíaco. Além disso, cabe notar que as emoções não se restringem apenas a resultados fisiológicos; eles também se desenvolvem com base em uma condição social. Lembra-se do exemplo da entrevista de emprego? Essa experiência pode gerar grande ansiedade para uns, mas enorme confiança para outros. Portanto, toda e qualquer construção emocional é evolutivamente relacionada à experiência que o indivíduo vivencia no cotidiano.

2.3
Cognição e aprendizagem

A todo momento, seja de forma consciente, seja de forma não consciente, somos estimulados pelas vias auditiva, visual, tátil-cinestésica, gustativa, olfativa e vestibular. Inicialmente, o estímulo apenas produz alteração no organismo pela chegada e pela identificação em nível sensorial, sem ainda ocorrer a interpretação de tal estímulo. Por exemplo, quando um ruído aleatório é provocado pela queda de um objeto no chão, o som é propagado até chegar às vias sensoriais auditivas. Esse processo é conhecido como *sensação*, que se refere à identificação do estímulo pelos órgãos dos sentidos (Oliveira; Mourão-Júnior, 2013, p. 2-13; Silva et al., 2015, p. 51-67). Posteriormente, ocorre a interpretação dos estímulos recebidos, feita com base em um conjunto de fatores que se organizam mediante o entendimento, a compreensão e a interpretação.

Observe, com atenção, a Figura 2.2, cuja ilustração será descrita por meio da percepção visual de uma imagem de um elefante ou de dois rostos humanos.

Figura 2.2 – Efeito figura ambígua em relação à sensação e percepção visual

Wahyu S. Adi Wibowo/Shutterstock

A Figura 2.2 leva o leitor a uma condição em que a estimulação visual, inicialmente, pode gerar uma "confusão" na interpretação do estímulo. Para o cognitivista Robert Sternberg (2000, p. 115), a percepção engloba diversos fenômenos de ordem psicológica. Em muitos casos, a sensação e a percepção distorcidas das imagens, por exemplo, podem ocasionar uma dificuldade de análise e interpretação de um certo estímulo. Essa mesma percepção pode criar uma ilusão de ótica, dependendo da forma como a figura é apresentada.

Outro exemplo apresentado por Sternberg (2000, p. 117), diz respeito à percepção visual sobre a existência ou não de um triângulo na Figura 2.3. A dúvida nasce pela forma como a imagem é mostrada.

Figura 2.3 – Figura geométrica produzida por ilusão de ótica

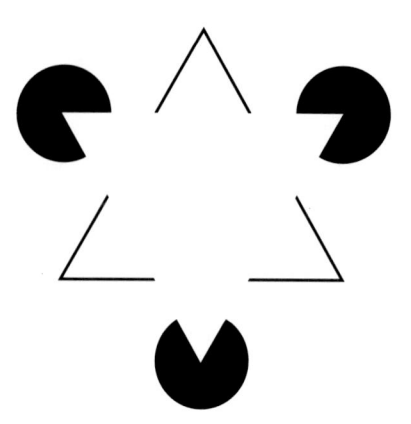

Fonte: Sternberg, 2000, p. 117.

Seria possível mostrar diversos exemplos sobre a construção de estímulos, pois a forma como nossos sentidos interpretam os estímulos é muito peculiar e, como você já sabe, isso envolve vivência e experiência. Também é importante frisar que isso não ocorre apenas com a visão, mas com todos os sentidos humanos. Um filme pode apresentar inúmeros sons, como batidas de carro, objetos caindo no chão, vidraças sendo estilhaçadas e muitos outros ruídos, e todos serem criações de sonoplastas, ou seja, não serem o som real, mas nosso ouvido consegue identificar cada ruído, som ou música construída. Como isso acontece? Há um conjunto de estruturas em cada sistema sensorial do ser humano, com células altamente especializadas responsáveis pelo recebimento do estímulo, seja ele qual for. Por exemplo, uma pessoa com o sentido visual sem comprometimento pode distinguir, aproximadamente, 7 milhões de cores e, no sistema sensorial visual, há células específicas para a identificação de cores de forma individual (Renner et al., 2012, p. 71-94)

Todas essas interpretações e organizações dos estímulos demandam certa aprendizagem. Esses dois processos nervosos, sensação e percepção, são a base do funcionamento do aprender. Em um ambiente estimulador, há inúmeros sons, imagens, odores, aromas, texturas, entre outros. O ser humano aprende a identificar, por exemplo, cheiro de café e pão fresquinho pela manhã, as cores do arco-íris, superfícies ásperas e lisas, sabores diversos, como salgado e azedo. Continuamente, a aprendizagem é intrínseca aos processos fisiológicos. Em um primeiro momento, ocorre a **sensação**; posteriormente, a **percepção**; e, em um nível mais profundo, a **cognição**, que corresponde à interação e à integração dos estímulos aprendidos. Aprendemos também, com o tempo, a aprimorar os sentidos, como no caso da interpretação bi e tridimensional. De acordo com Eysenck e Keane (2017, p. 62-63), a percepção da profundidade não aciona apenas a visão – esse sistema sensorial é integrado pela percepção tátil e pela auditiva. Esse aprimoramento vai sendo alcançado com o decorrer do tempo e conforme a apresentação de estímulos, cada um em sua especificidade.

A Figura 2.4 retrata uma imagem que cria efeitos monoculares com o uso de variação do gradiente de textura, provocando sensação e percepção visual com profundidade. Sua visualização em determinada distância cria um efeito tridimensional.

Figura 2.4 – Perspectiva tridimensional

Anna Fevraleva/Shutterstock

A aprendizagem passa por vários vieses, ou seja, ela ocorre pelas vias motora, verbal, visual e auditiva, cujos mecanismos vão desde os mais simples, ou mesmo instintivos, até os mais complexos, que exigem um nível alto de raciocínio lógico. O aprender e a cognição são uma das bases mais importantes do desenvolvimento humano, pois a organização e a reorganização compreendem o funcionamento dos processos fisiológicos, comportamentais, emocionais, entre outros. A ligação entre os fenômenos de ordem psicológica, os quais envolvem o sistema nervoso como um todo, contribui também para a incessante aprendizagem em níveis sensoriais e fisiológicos, assim como um ambiente altamente estimulador.

2.4
Emoção e cognição no desenvolvimento humano

Há muitos anos, existe uma discussão sobre razão e emoção: Quem vem primeiro ou quem controla quem? Nós controlamos as emoções ou as emoções nos controlam, questionou o neurocientista francês Joseph LeDoux (LeDoux, 1998, p. 12). Essa premissa tem se mantido desde muito tempo, questionando-se qual é a relação entre a emoção e a cognição, quais são as contribuições das emoções no processo do aprender e o que se aprende com as emoções.

Como mencionamos, as abordagens voltadas à razão e à emoção existem há muito tempo; de acordo com LeDoux (1998, p. 23), há registros desde a época da Grécia Antiga. Platão, por exemplo, dizia que paixões, sentimentos e emoções impediam os seres humanos de pensar. A discussão era tão intensa que o próprio Platão criava a ideia de que as emoções eram semelhantes a cavalos selvagens que deveriam ser dominados pela capacidade intelectual. Por esse motivo, entre os atos movidos pela emoção, acreditava-se que era necessária uma tentativa de controle sobre a paixão, o amor, por exemplo, e que a responsabilidade sobre esse controle era da capacidade intelectual.

Eysenck e Keane (2017, p. 635) discutem a influência dos processos cognitivos em relação às emoções. Como que a linguagem, a memória, a atenção, por exemplo, influenciam emoções como medo, alegria, tristeza, raiva, remorso, culpa, ansiedade e tantas outras. Segundo os autores, a experiência relacionada ao sistema emocional depende de processos que envolvem estímulos e avaliação por meio de informações já armazenadas, semelhantes a novas situações. Esses dois processos foram denominados pelos autores de *bottom-up* (de baixo para cima, conduzido por estímulos) e *top-down* (de cima para baixo, avaliação da condição apresentada).

Bottom-up (de baixo para cima): processamento direcionado por estímulos externos, envolvendo atenção e percepção.

Top-down (de cima para baixo): análise e avaliação subjetiva de uma situação que envolve conhecimento de situações semelhantes a outras já vivenciadas. (Eysenck; Keane, 2017, p. 637)

Os autores também citam uma pesquisa em que se apresentaram estímulos repulsivos por meio de imagens, solicitando-se aos participantes que respondessem de maneira natural; em um segundo momento, foram apresentadas imagens neutras que deveriam ser interpretadas como se houvesse situações de repulsa. A referida pesquisa fez uso de neuroimagens e foram constatadas diferenças significativas na ativação das estruturas cerebrais nos dois processos, tanto *bottom-up* quanto *top-down*.

A Figura 2.5 ilustra a relação do processo emocional com a cognição humana. As regiões na coloração azul apresentam mais atividade cerebral no processo *top-down*, que corresponde, basicamente, ao controle inibitório, uma das funções mais importantes na cognição humana, cuja ativação ocorre, principalmente, pelo lobo frontal, nesse caso relacionado com a **ativação da amígdala**, uma das principais estruturas envolvidas na emoção.

No processamento *bottom-up*, existe intensa ativação nas estruturas dos lobos occipital, temporal e parietal, além de ativação intensa da amígdala, representadas nesse processo pela coloração amarelo e vermelho.

Figura 2.5 – Processos de ativação cerebral *top-down* e *bottom-up*

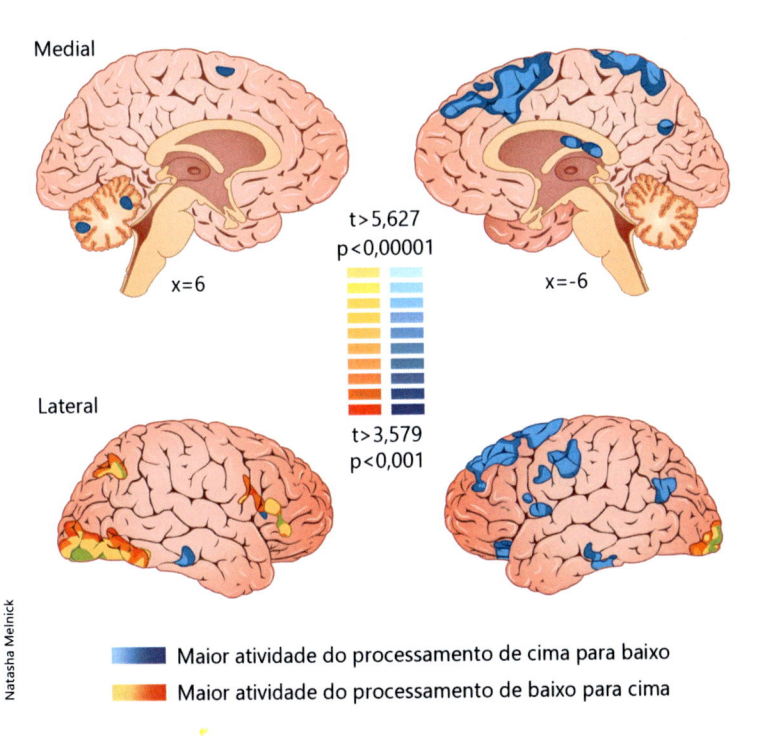

- Maior atividade do processamento de cima para baixo
- Maior atividade do processamento de baixo para cima

Fonte: Eysenck; Keane, 2017, p. 637.

Com base na pesquisa citada pelos autores, foi possível analisar a relação entre o controle inibitório diante de situações aversivas e a ativação das emoções. O funcionamento cerebral parte de um processo integrativo acionado por meio de diversas estruturas, entre elas a amígdala cerebral e todo o sistema límbico, responsável pela ativação das emoções. As evidências desse funcionamento ocorrem, como já destacamos, pelo processo *bottom-up*, que regula aspectos de afeto negativo; em contrapartida, o córtex frontal liga-se ao ativo funcionamento regulador cognitivo, denominado *top-down* (Eysenck; Keane, 2017, p. 637).

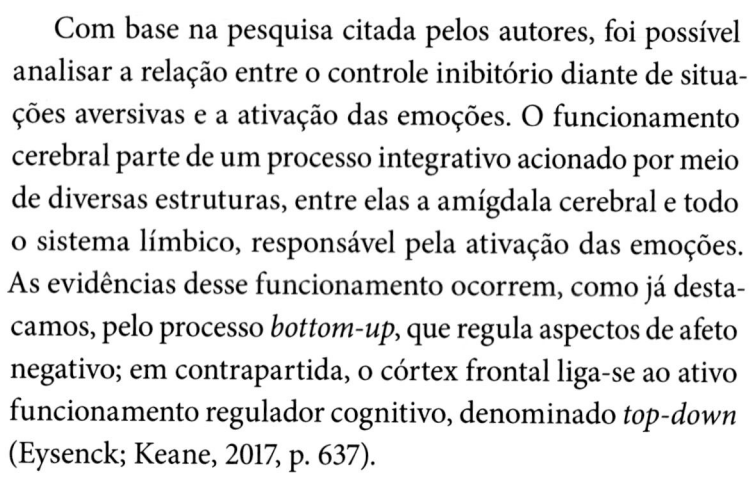

Processos cognitivos altamente complexos, como tomada de decisão, raciocínio lógico e controle inibitório, podem ser relacionados diretamente com o sistema emocional. Por exemplo, um jovem em fase de vestibular está indeciso sobre qual curso de graduação vai escolher. Não se trata apenas de escolher entre humanas e exatas ou entre ciências biológicas e ciências sociais, mas de considerar inúmeras questões. Pode ser que esse jovem tenha interesse em estudar em uma universidade do país que fique do outro lado de sua cidade atual e, para essa mudança, é necessário avaliar a cultura da cidade, o clima, a disponibilidade de emprego, a distância da família, entre outros fatores. Caso o curso de interesse seja em outro país, é necessário o cuidado com a língua falada no local, a cultura, as rotinas diferentes, entre várias outras questões.

Note que, para tomar uma decisão como essa, não se trata apenas de decidir entre psicologia ou pedagogia, mas de observar diversos fatores que poderão mudar totalmente a rotina do candidato ao curso. Entre eles, há o componente emocional que se caracteriza não apenas pela alegria de ingressar no nível superior, mas também por um possível medo de não ser aquilo tão sonhado, por dúvidas como a disponibilidade de mercado em relação as vagas de trabalho, sem contar a trajetória no curso, já que algumas questões serão resolvidas apenas ao final, na conclusão do nível superior.

Portanto, todo esse contexto não se restringe apenas a uma condição de razão ou paixão, emoção ou processos cognitivos, mas abrange a integração entre todos os fatores envolvidos no desenvolvimento e no comportamento humano. Uma das causas das discussões sobre emoção e razão, em todos os tempos, diz respeito ao fato de elas serem independentes ou não; no entanto, até mesmo nessas discussões, elas sempre estiveram juntas. Isso porque, dependendo do ponto de vista do pesquisador, conforme suas vivências, destacavam-se mais as capacidades cognitivas; outros davam mais atenção às emoções inseridas nessas capacidades. Ou seja, trata-se de um processo contínuo de aprendizagem, desenvolvido ao longo dos anos e que, de tempos em tempos, é reelaborado.

2.5
Reguladores das emoções no processo do aprender

Imagine uma situação em que você vai viajar para concretizar o sonho de estudar fora do país; isso sempre foi almejado, preparado e planejado por você. Porém, no mesmo momento, um familiar muito querido está com uma doença grave, em estágio terminal, e a equipe médica informa que, a qualquer momento, ele pode morrer. Eis o xis da questão: viajar e realizar um sonho ou aguardar a situação que envolve um familiar prestes a falecer? Esse é um exemplo entre milhares e milhares de muitos outros que contextualizam a vivência de emoções intensas. Como lidar com essas situações, uma vez que qualquer detalhe pode fazer toda a diferença?

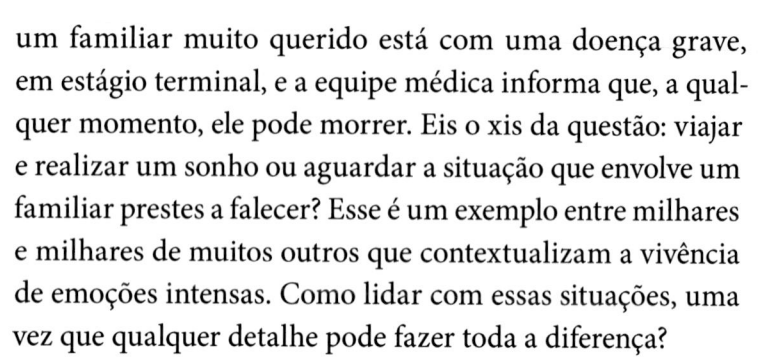

Como questionado por LeDoux (1998, p. 12), quem controla as emoções? Ou quem regula esses processos psicofisiológicos? Como você viu na seção anterior, as emoções têm relação profunda com os processos cognitivos. O controle inibitório tem grande responsabilidade no que diz respeito à tomada de decisão, isto é, fazer ou não fazer algo que lhe apraz. O autocontrole é uma das funções cognitivas que envolvem o córtex frontal e que podem ser associadas à regulação das emoções. Pense em uma pessoa que precisa entrar em um elevador para ir ao trabalho, porém ela sente um medo incontrolável. Fatores cognitivos, como tomada de decisão, atenção concentrada e metacognição (pensar sobre o que está sendo pensado), podem regular a intensidade com que esse medo afeta o comportamento de ir ao trabalho cotidianamente.

Teorias como a da avaliação trazem a explicação de como a cognição influencia a emoção. De acordo com Eysenck e Keane (2017, p. 638), essa premissa teórica considera que as respostas relacionadas às emoções são produzidas pelo organismo com base na avaliação da relevância das mudanças no ambiente e dos benefícios que estas trazem ao indivíduo.

Assim, os autores acreditam que a emoção é um produto gerado pela avaliação e, por sua vez, é determinada, de certa forma, por um padrão que cada indivíduo constrói.

Outra teoria a ser destacada é o modelo baseado no processo – trata-se da regulação da emoção. Essa abordagem teórica supõe que o nível de intensidade emocional aumenta de acordo com o passar dos anos. Um exemplo citado por Eysenck e Keane (2017, p. 644) refere-se ao fato de que uma pessoa com um nível alto de ansiedade, com o passar do tempo, pode selecionar os locais aos quais irá e as pessoas com as quais conviverá, criando, assim, menos possibilidades em relação ao estresse; por consequência, diminuem os indicativos emocionais. Com a utilização de processos cognitivos, como atenção concentrada e seletiva, essa pessoa pode construir uma estratégia emocional para não se deparar com a condição de intensidade emocional.

Existem inúmeras formas de modificar a situação e regular a intensidade emocional. Por exemplo, imagine uma pessoa que sinta medo de ir à praça central da cidade à noite. Ao convidar uma amiga para acompanhá-la, no trajeto de ida, essa amiga chama a atenção para a iluminação da praça, para a segurança que existe em volta e para outros fatores que possibilitem a mudança de pensamento em relação à intensidade do medo. Essas podem ser consideradas estratégias de modulação de respostas, tendo como base dois conceitos importantes: distração e reavaliação.

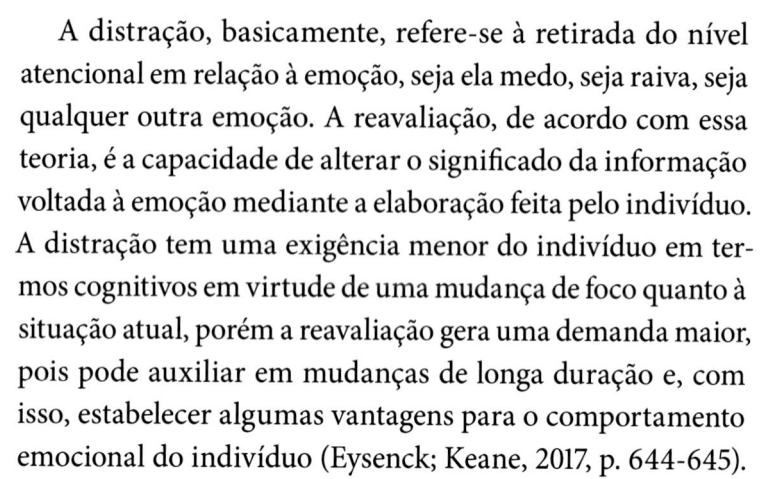

A distração, basicamente, refere-se à retirada do nível atencional em relação à emoção, seja ela medo, seja raiva, seja qualquer outra emoção. A reavaliação, de acordo com essa teoria, é a capacidade de alterar o significado da informação voltada à emoção mediante a elaboração feita pelo indivíduo. A distração tem uma exigência menor do indivíduo em termos cognitivos em virtude de uma mudança de foco quanto à situação atual, porém a reavaliação gera uma demanda maior, pois pode auxiliar em mudanças de longa duração e, com isso, estabelecer algumas vantagens para o comportamento emocional do indivíduo (Eysenck; Keane, 2017, p. 644-645).

Existe uma estratégia que envolve alguns mecanismos que podem auxiliar na regulação do sistema emocional. Por exemplo, identificar a escolha da situação em que o indivíduo está envolvido possibilita modificar a situação escolhida e direcionar os processos atencionais, propondo uma alteração de funcionamento de ordem cognitiva e, enfim, uma possibilidade de modulação de respostas. Todo esse processo beneficia a regulação do sistema emocional, tendo em vista um indivíduo que vivencia um padrão de respostas emocionais negativas, ou seja, ele tem a possibilidade de modificar sua intensidade por meio de um processo funcional cognitivo utilizando diversos fatores de uso integrador em relação às emoções.

A Figura 2.6 ilustra um modelo estrutural desse esquema proposto para a modulação das respostas.

Figura 2.6 – Esquema do modelo baseado na regulação da emoção

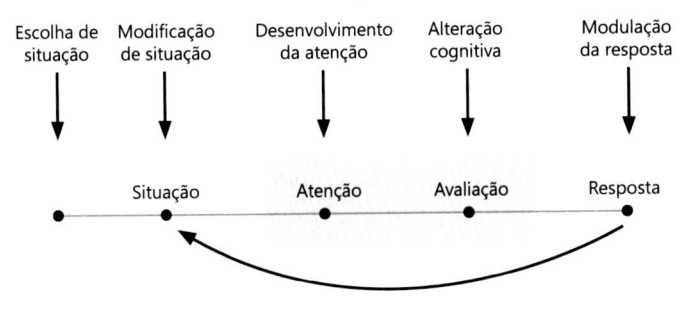

| Escolha de situação | Modificação de situação | Desenvolvimento da atenção | Alteração cognitiva | Modulação da resposta |

↓ ↓ ↓ ↓ ↓

Situação — Atenção — Avaliação — Resposta

Fonte: Eysenck; Keane, 2017, p. 644.

Com isso, concluímos que os processos cognitivos e a aprendizagem são extremamente importantes para o controle e a regulação do sistema emocional, pois um nível de emoção desestruturado e desregulado pode causar impacto no comportamento humano, afetando diversas áreas, como trabalho, escola e família. O controle e a regulação acarretam diversos benefícios, sendo possível usar diferentes estratégias que podem contribuir para o bem-estar do indivíduo como um todo.

Síntese

A definição das emoções implicam considerar uma interdependência com outros processos de funcionamento de sistemas de informações sensoriais. Desde um ato fisiológico, como ficar com a boca seca ou sentir um frio na barriga, as emoções estão intimamente ligadas com essas ações e reações do organismo humano. O ato de aprender é uma construção de fatores que relacionam desde as questões fisiológicas até processos de organização de alta complexidade. Por isso, não significa, por exemplo, apenas aprender álgebra, envolvendo números e caracteres; esse aprender está relacionado a um universo de situações, bem como a relacionamentos interpessoais, ao contexto da sala de aula, ao fato de gostar ou não de ir à escola, ao medo de não aprender. Por esse motivo, é necessário compreender como a emoção está presente em diversos contextos, que envolvem tanto as emoções primárias (inatas) como as secundárias (sociais).

A análise neurofisiológica e a neuroanatômica das emoções também contribuem para um passo importante no entendimento do aprender, pois conhecer as estruturas biológicas envolvidas proporciona uma visão biopsicossocial de todo um contexto amplo em que está inserido o indivíduo. Dessa forma, os tópicos estudados neste capítulo devem ter ajudado você a entender como a mente humana, o processo cognitivo e as emoções mantêm uma relação social e cultural com a aprendizagem.

Atividades de autoavaliação

1. As emoções podem ser definidas como processos psicofisiológicos que envolvem reações biológicas, psicológicas e comportamentais. Assinale a alternativa correta em relação às emoções:
   a) As emoções primárias são consideradas inatas e estão ligadas a processos psicofisiológicos dos seres humanos.
   b) As emoções secundárias são consideradas sociais e não estão ligadas ao processo fisiológico, apenas ao desenvolvimento interpessoal.

c) A emoção secundária *medo* é a única que envolve o funcionamento cerebral e a ligação com os demais sistemas do organismo.
d) O ser humano, considerado biopsicossocial, não se limita apenas às emoções primárias, mas nem todos têm emoções secundárias.
e) As emoções secundárias são inatas e evolutivas, sendo possível considerá-las como adaptativas.

2. As emoções secundárias têm relação com a socialização e as interações do indivíduo e suas vivências e experiências. Dessa forma, é possível afirmar que:
   a) a alegria é a única emoção secundária, embora não exista papel de interação social em sua construção.
   b) as emoções primárias são as verdadeiras emoções; as demais classificações não têm relação nenhuma em sua etiologia com conteúdo emocional.
   c) as emoções secundárias são responsáveis pelo desenvolvimento biológico de modo geral e não têm relação com a construção social do indivíduo.
   d) o processo emocional não tem relação com a socialização e, por esse motivo, quando isso acontece, a definição correta corresponde à cognição.
   e) as emoções secundárias podem ser classificadas como sociais e também definidas como uma mistura das emoções primárias.

3. Uma das capacidades das funções cerebrais é organizar, interpretar, coordenar e integrar as informações que se recebem por meio de estímulos e vivências, vindas do ambiente externo e também do ambiente interno, por meio de pensamentos, por exemplo. Esse funcionamento é conhecido como:
   a) cognição.
   b) emoção primária.
   c) emoção secundária.
   d) neurofisiologia terciária.
   e) plasticidade cerebral.

4. A regulação das emoções é dada por um conjunto de estruturas cerebrais, principalmente, o córtex frontal. A função cognitiva que exerce o controle de ações é conhecida como:
   a) controle inibitório, cujo centro regulador são as estruturas do córtex frontal.
   b) planejamento e tomada de decisão, funções executivas complexas que regulam e coordenam as ações dos indivíduos.
   c) atenção concentrada, processo cognitivo que destina e organiza as informações do córtex temporal medial.
   d) flexibilidade mental, responsável pelo controle e pela regulação das emoções primárias.
   e) categorização, processo responsável pelo controle e coordenação das atividades humanas de modo geral, exercendo papel importante na tomada de decisão.

5. O processo cognitivo denominado *autocontrole* é um dos responsáveis diretos pela coordenação e regulação das emoções. O autocontrole é importante:
   a) no controle e regulação apenas das emoções primárias, pelo motivo de serem inatas e importantes na adaptação humana diante dos perigos e situações que ativem o medo.
   b) na regulação apenas da tristeza, em razão de esse processo cognitivo estar ligado às emoções secundárias e não às emoções primárias, pois todo indivíduo precisa desse aspecto emocional para autocontrolar-se.
   c) no controle e regulação das emoções, pois o nível de intensidade emocional pode aumentar com o decorrer dos anos. Esse controle contribui para criar estratégias e enfrentar situações do cotidiano que exijam tomadas de decisão.
   d) na regulação da cognição primária, pois ela se liga ao córtex parietal motor insular, ao lobo temporal e, principalmente, ao lobo occipital, sendo, assim, mais consolidado o autocontrole.
   e) na regulação das emoções primárias nos momentos em que há situações de grande irritabilidade, mas sem relação com as emoções secundárias.

Atividades de aprendizagem

Questões para reflexão

1. Há uma distinção entre as emoções primárias e as secundárias. Embora haja uma inter-relação entre elas, cada uma tem sua especificidade e contribui para o ser humano lidar com questões do dia a dia, por isso a neurociência procura entender como essas emoções se desenvolvem no decorrer dos anos. Para aprofundar seu entendimento, reflita sobre o quanto as emoções primárias e secundárias são importantes para a maturação do sistema nervoso e qual a característica específica das emoções básicas primárias e sua função no papel social, que resulta na construção das estruturas das emoções secundárias.

2. O papel da aprendizagem está muito ligado ao processo de desenvolvimento maturacional no aprender. É um grande desafio situar as principais causas do mau desempenho escolar, bem como afirmar se há relação com o desenvolvimento emocional. Para responder a esse desafio, faça uma pesquisa bibliográfica para verificar quais as principais condições que ocasionam o mau desempenho escolar e sua relação com questões emocionais, bem como o desenvolvimento do aprender. Sugerimos o uso de fontes relacionadas à educação, à psicologia e à neurociência como base para a análise.

Atividade aplicada: prática

1. Crie um mapa conceitual com as emoções primárias e algumas emoções secundárias. Depois, estabeleça a inter-relação entre elas e o processo do aprender e descreva as principais causas da aprendizagem e da não aprendizagem relacionadas com as emoções.

3
Funções executivas, emoções e o aprender

Todo mecanismo de funcionamento do organismo humano tem um coordenador e executor que recebe, processa, analisa e emite uma informação. Podemos fazer uma analogia com um CEO (*Chief Executive Officer* – Diretor Executivo) de uma grande empresa. É ele quem assume o papel de tomar grandes decisões, analisar planejamentos e direcionar atenções a possíveis ações, que podem ser ou não bem-sucedidas; caso não haja êxito, é esse coordenador e executor geral que será responsabilizado, na maioria das vezes, e deverá pensar em uma nova ação para que se alcance o objetivo estipulado. Sabemos que o CEO não executa seu trabalho sozinho – há uma equipe que o auxilia, com sugestões e informações refinadas, porque nem todas as informações chegam a esse líder, considerando-se que devem passar por um filtro criterioso. Comparativamente, as funções executivas têm a mesma responsabilidade e atuam no mesmo nível de complexidade.

A analogia com o diretor executivo de uma grande empresa é necessária para a compreensão sobre a importância das funções executivas para o sistema nervoso e o organismo humano como um todo. Nem todas as decisões serão precisas, mas o aprimoramento acontecerá de acordo com o amadurecimento tanto neurobiológico como nas experiências. As estruturas formadas pelos lobos frontais são de suma importância para essa região do cérebro que se caracteriza como uma das mais complexas do sistema nervoso. Por isso, quando falamos em aprendizagem, maturação e desenvolvimento, é extremamente importante conhecer todo esse aparato biológico e as áreas envolvidas nele.

3.1
Funcionamento das funções executivas

O sistema nervoso desempenha diversas funções, como organização e interpretação dos estímulos recebidos, funções mentais elementares, análise e processamento de informações, manipulação de imagens mentais, integração, regulação e controles vitais. Desse modo, é importante compreender que, para que haja harmonia entre essas funções, existe a necessidade de um gestor, de um coordenador, de um gerente-geral (Blair; Zelazo; Greenberg, 2005, p. 561-568; Alvarez; Emory, 2006, p. 17-42; Zelazo; Müller, 2002, p. 445-469; Carlson, 2005, p. 595-616; Ardila; Pineda; Rosselli, 2000, p. 31-36; Parsons et al., 2017, p. 777-807). Todos os mecanismos de ações efetuadas pelo sistema nervoso em um nível de alta complexidade são regidos por um controle cognitivo ou habilidade de regulação cognitiva conhecido como **funções executivas** (FEs). Como já mencionamos, toda a complexidade de funcionamento e execução do sistema nervoso, integrado ao organismo humano em geral, precisa de um controle complexo, semelhante ao que se observa em uma empresa. Essa analogia foi apresentada ao público leigo em relação à neurociência por Elkhonon Goldberg em seu livro *O cérebro executivo: lobos frontais e a mente civilizada* (Goldberg, 2002). No livro, o neurocientista discorre sobre grandes companhias e seus CEOs e os relaciona com as habilidades dos lobos frontais, estruturas nas quais ocorrem os controles e ações das FEs.

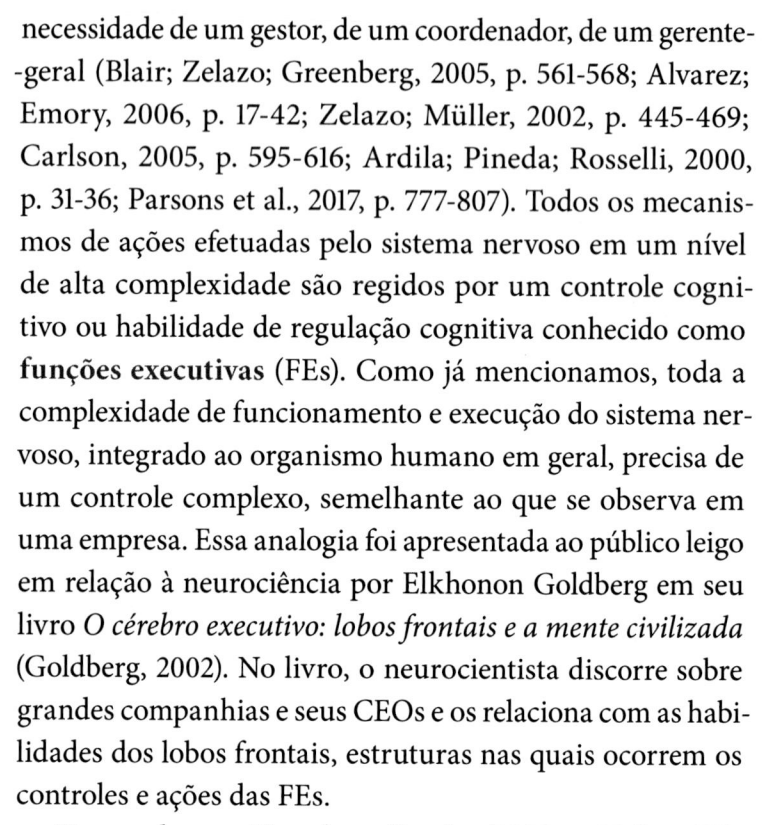

De acordo com Hamdan e Pereira (2009, p. 386), as FEs são habilidades de nível extremamente complexo que buscam um determinado objetivo, por meio do qual possibilitam ao indivíduo adaptar-se a mudanças. Os autores também comentam sobre as atividades cognitivas que as FEs definem, como atenção concentrada, seleção de estímulos específicos, planejamento, tomada de decisão, categorização, flexibilidade e rigidez mental, autocontrole e outras inúmeras atividades. Todas essas estruturas estão relacionadas aos lobos frontais, as áreas consideradas mais complexas do cérebro humano (Hamdan; Pereira, 2009, p. 386-387;

Santos; Andrade; Bueno, 2015, p. 65; Miller; Cummings, 2017, p. 184-189; Bechara, 2004, p. 30-40). Tamanha é a complexidade dessas estruturas cerebrais e suas funções que uma lesão na região dos lobos frontais pode desregular todo um processo de controle inibitório que envolva tomadas de decisão complexas, autocontrole em nível alto de exigência, comportamentos morais adequados, entre outras funções. Nos relatos históricos há casos de indivíduos que apresentavam comportamentos adequados socialmente, mas que, depois de sofrerem lesões nos lobos frontais, causadas por acidentes, tiveram comportamentos afetados, passando a ser inadequados (Gazzaniga; Heatherton; Halpern, 1998).

As FEs são habilidades que auxiliam a cognição em relação ao processo criativo e à imaginação. Imagine, por exemplo, uma situação na qual um indivíduo, por horas, até mesmo por dias, procura resolver um determinado problema de ordem matemática. Faz diversas contas, consulta inúmeros livros e não consegue encontrar uma solução, mesmo com vários recursos e tentativas. Depois de um tempo, em outro momento, o indivíduo tem uma "iluminação interna" e consegue chegar à resolução do problema. Esse fenômeno psicológico é conhecido como *insight* e seu funcionamento tem grande importância para processos complexos de funções psicológicas superiores que envolvem FEs (Gazzaniga; Heatherton; Halpern, 2018, p. 325; Zelazo; Qu; Kesek, 2010, p. 97-111; Zelazo; Blair; Willoughby, 2016, p. 10-15; Anderson et al., 2009, p. 701-707).

Como você deve estar pensando, as FEs são extremamente importantes para o desenvolvimento da espécie humana, uma vez que são elas que trazem um marco adaptativo da espécie. Depois dessa maturação filogenética, foi possível construir formações voltadas a comportamentos de imitação, socialização e vivência em grupos, a evolução e o aprimoramento quanto ao uso de ferramentas, entre outras funções complexas.

De acordo com Santos, Andrade e Bueno (2015, p. 65-71), há dois grupos em relação às FEs: o primeiro é caracterizado como frio e o segundo como quente. As **FEs frias** são de ordem extremamente cognitiva, sem relação com um processo motivacional, mas com uma condição lógica e sem exacerbação emocional. As **FEs quentes** são diretamente relacionadas às emoções, voltadas a condições de recompensa e punição, em um contexto social que, em alguns casos, envolve tomadas de decisões no viés pessoal e intimamente ligado a emoções (Zelazo; Qu; Kesek, 2010, p. 97-111; Brock et al., 2009, p. 337-349; Prencipe et al., 2011, p. 445-469; Kerr; Zelazo, 2004, p. 148-157; Castellanos et al., 2006, p. 117-123; Hobson; Scott; Rubia, 2011, p. 1035-1043).

Assim, podemos concluir que os processos que envolvem FEs estão relacionados a inúmeras funções cognitivas e questões comportamentais, pois, com ou sem ligação com as emoções, cada indivíduo produz um resultado de construção integral para executar um comportamento estruturado e bem elaborado. Uma tomada de decisão em relação a mudar de emprego, sendo o único mantenedor da família, ou um planejamento da rota de casa ao trabalho, ou, até mesmo, categorizar uma série de informações importantes utilizadas no ambiente organizacional correspondem ao funcionamento de um conjunto de capacidades e habilidades desenvolvidas no dia a dia e que cada indivíduo pode realizar de forma diferente. Portanto, é necessário compreender que existe uma singularidade em cada um, pois o desenvolvimento ontogenético de cada indivíduo é distinto em razão de aprendizagens que ocorrerão de formas diferentes (Lerner; Tiedens, 2006, p. 115-137; Frederick, 2005, p. 25-42; Svenson, 1979, p. 86-112; Bechara; Damasio; Damasio, 2003, p. 356-369).

Conforme Rotta, Bridi Filho e Bridi (2018, p. 83-84), há alguns processos essenciais que definem as FEs: controle inibitório, memória de trabalho e flexibilidade cognitiva. Cada um contribui para que o indivíduo possa adaptar-se diante de novas situações, apresentar **controle inibitório** nas condições em que este é exigido – como, em momentos de raiva, não perder o controle de uma situação específica –, elaborar um projeto de forma criativa, estar focado na produção de uma atividade, entre outros aspectos. Para os autores, o controle cognitivo, também conhecido como *controle inibitório*, tem por objetivo auxiliar em diversos aspectos psicológicos, por exemplo, não abrir um presente, mesmo em uma data especial, como aniversário, Natal e Páscoa, antes do dia específico. Outro exemplo é não perder o controle em uma situação de trânsito, na qual um indivíduo qualquer comete uma infração de modo que possa causar irritabilidade.

Outra função descrita por Rotta, Bridi Filho e Bridi (2018, p. 83) é a **memória de trabalho**, que corresponde à capacidade de operacionalizar uma informação enquanto se desenvolvem outras informações a partir de um processo inicial, por exemplo, efetuar um cálculo lógico-matemático enquanto se avaliam continuamente números, códigos, caracteres e outras informações consideradas na resolução do problema.

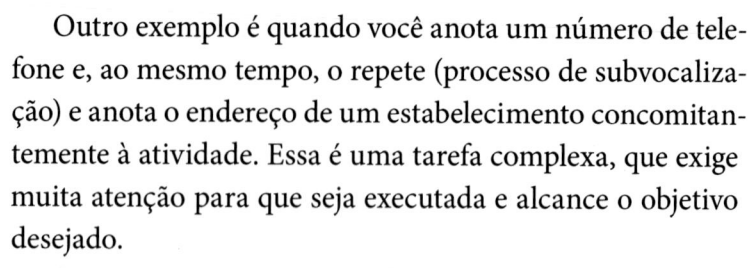

Outro exemplo é quando você anota um número de telefone e, ao mesmo tempo, o repete (processo de subvocalização) e anota o endereço de um estabelecimento concomitantemente à atividade. Essa é uma tarefa complexa, que exige muita atenção para que seja executada e alcance o objetivo desejado.

Outro processo mencionado pelos autores é a **flexibilidade cognitiva** ou **mental**. O objetivo dessa função psicológica de ordem complexa é proporcionar uma alternância de pensamentos sobre a resolução de um problema, novas ideias criativas, troca de atividades, isto é, sua base é a capacidade de alterar o foco de uma situação atual para outra, de forma contínua, até o momento em que o indivíduo possa alcançar o objetivo em questão.

Essas não são as únicas FEs; há outras, como planejamento, categorização, metacognição, raciocínio, tomada de decisão, autocontrole e julgamento moral. Para a execução dessas funções, há um conjunto de estruturas biológicas, ativações eletroquímicas do encéfalo e sua relação com o organismo como um todo, pois o CEO do sistema nervoso gerencia e coordena a interligação de todas as áreas cerebrais e destas com os demais processos psicobiológicos (Blakemore; Choudhury, 2006, p. 296-312).

3.2
Neurobiologia das funções executivas

Todo o funcionamento dos processos cognitivos de ordem executiva decorre de uma inter-relação de estruturas do sistema nervoso. Em geral, a maioria delas trabalha em conjunto com o córtex frontal, em específico com o pré-frontal. Como vimos, há uma lista de funções complexas que compõem o seleto grupo, porém é necessário identificar onde seu funcionamento está localizado e quais são suas especificidades quando se trata de neurociência. Para cada FE, existe um conjunto de estruturas responsável pela execução da atividade desejada pelo indivíduo (Quadro 3.1).

Quadro 3.1 – Correlação entre processos de ordem executiva e estruturas cerebrais

Processo executivos	Região cerebral
Controle inibitório	Córtex frontal, giro do cíngulo e lobo temporal, tálamo e cerebelo
Controle *bottom-up*	Córtex pré-frontal
Controle *top-down*	Lobo parietal
Controle inibitório, atenção executiva, Flexibilidade mental e memória operacional	Córtex pré-frontal e estruturas subcorticais

Fonte: Elaborado com base em Rotta; Bridi Filho; Bridi, 2018, p. 84.

O processo das FEs ocorre, basicamente, ao longo de todo o desenvolvimento humano, desde a infância até a velhice. Essa ligação das FEs com o desenvolvimento humano relaciona-se com a maturação de algumas estruturas do sistema nervoso, em específico com o córtex pré-frontal, pois ele tem grande responsabilidade sobre essas funções extremamente complexas e que são aperfeiçoadas conforme a estimulação e a aprendizagem. A compreensão e o cumprimento de regras inseridas na organização da sociedade, o julgamento moral, a flexibilidade cognitiva, a categorização, a criatividade, por exemplo, relacionam-se com a maturação das estruturas cerebrais e, nesse caso, diretamente com o córtex pré-frontal (Yogev-Seligmann; Hausdorff; Giladi, 2008, p. 329-348; Blakemore; Choudhury, 2006, p. 296-300).

As imagens da Figura 3.1 ilustram o cérebro e a maturação dessa região do sistema nervoso em idade mais precoce e de curso prolongado.

Figura 3.1 – Estruturas cerebrais do córtex orbitofrontal e do córtex pré-frontal dorsolateral

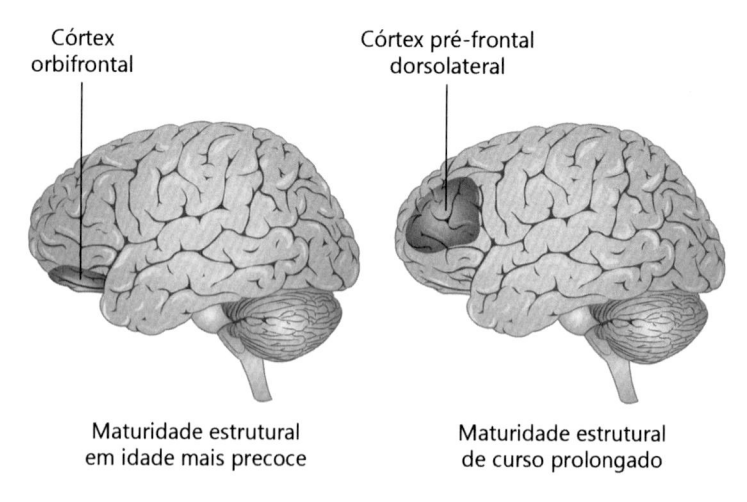

Córtex orbifrontal

Córtex pré-frontal dorsolateral

Maturidade estrutural em idade mais precoce

Maturidade estrutural de curso prolongado

Natasha Melnick

Fonte: Rotta; Bridi Filho; Bridi, 2018, p. 85.

Além das estruturas cerebrais localizadas no córtex pré-frontal, é necessário compreender o funcionamento das células nervosas dessa área. De acordo com Bear, Connors e Paradiso. (2017, p. 833), os neurônios localizados no pré-frontal apresentam diversas respostas, correspondentes a diferentes funções de execução, com influência comportamental, cognitiva e emocional. Os autores citam uma pesquisa sobre FEs, mais especificamente sobre memória de trabalho, em que foram propostas atividades para identificação de rostos humanos retratados em três fotografias. Os participantes eram monitorados por meio de mecanismos eletrônicos encefálicos para que fosse possível identificar a atuação do córtex cerebral no momento da atividade desenvolvida. Foram mostradas fotos de três rostos, em uma determinada sequência, e os participantes deveriam memorizá-los. Depois de um intervalo de tempo, as três fotografias foram apresentadas em uma sequência diferente da primeira e os participantes deveriam informar se a sequência era a mesma ou não. Em seguida, e por várias vezes, a ordem das fotos foi alterada e apresentada novamente aos participantes para que eles verificassem se a sequência era a mesma ou não. Em um dado momento, foi incluída uma quarta fotografia para que os participantes dissessem se ela estava na sequência anterior (Lu; Preston; Strick, 1994, p. 375-392; Fuster, 2015, p. 109-120).

Esse teste mediu e correlacionou, anatômica e fisiologicamente, a ação da **memória de trabalho,** uma função cognitiva considerada executiva, já citada anteriormente. No momento do teste, os pesquisadores identificaram ativação intensa de seis estruturas localizadas no córtex pré-frontal, como você pode observar na Figura 3.2, que reproduz as imagens do cérebro e as áreas cerebrais ativadas.

Figura 3.2 – Identificação das estruturas cerebrais envolvidas no teste

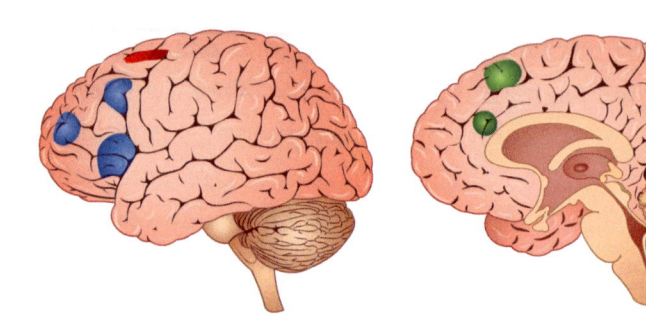

Fonte: Bear; Connors; Paradiso, 2017, p. 833.

Na Figura 3.2, há três áreas (regiões em azul na figura) de grande responsabilidade na identificação dos rostos das fotografias; duas áreas (regiões em verde na figura) ativadas na identificação dos rostos e na habilidade de localização espacial; e uma área (região em vermelho) ativada no momento em que se exigiu dos participantes a localização dos rostos nas fotografias.

No processamento das FEs, há uma grande atuação do córtex pré-frontal, como mencionamos. No teste, como explicamos, foi feita a análise da função *memória de trabalho* para verificar sua ligação com o córtex pré-frontal, pois se trata de uma função caracterizada como complexa no conjunto de funções cognitivas classificadas como executivas, que, como vimos, são responsáveis por coordenar e gerir diversas ações, pensamentos e comportamentos humanos.

O processo de organizar respostas adequadas para a resolução de problemas também faz parte do funcionamento de estruturas relacionadas ao córtex pré-frontal. Uma tomada de decisão que envolve um componente emocional acontece por meio de uma ligação entre o córtex pré-frontal e o córtex parietal. Principalmente estruturas como amígdala e outras partes do sistema límbico são extremamente importantes para a execução de uma decisão, seja de qual ordem for. Segundo Kandel et al. (2014, p. 860), o sistema integrado pelo córtex pré-frontal, mais especificamente no dorsolateral, responsabiliza-se pela FE para tomada de decisão, seja qual for o nível de complexidade, e está também ligado à verbalização para a resolução de problemas.

O processamento emocional está relacionado ao sistema límbico, que, por sua vez, se liga à área chamada *orbitofrontal lateral*, que tem seu processo inicial no pré-frontal lateral e segue até o núcleo conhecido como *caudado ventromedial*. Posteriormente, identificam-se os núcleos encontrados no lobo temporal, que são os núcleos da base e do tálamo. Todo esse funcionamento neurofisiológico está associado à empatia e ao comportamento de socialização.

Figura 3.3 – Estrutura cerebral dorsolateral

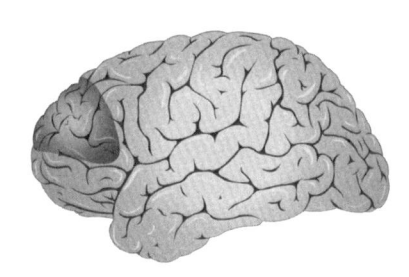

Natasha Melnick

Fonte: Kandel et al., 2014, p. 357.

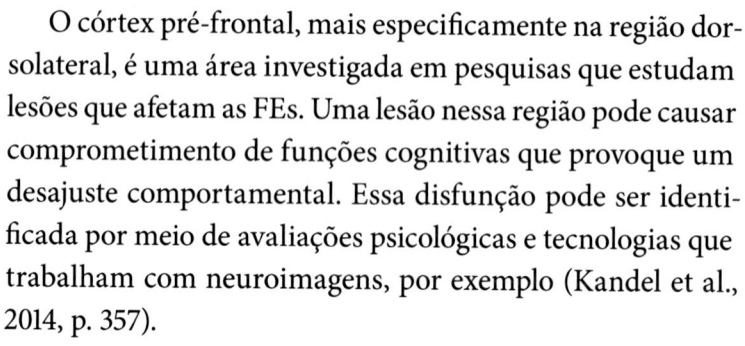

O córtex pré-frontal, mais especificamente na região dorsolateral, é uma área investigada em pesquisas que estudam lesões que afetam as FEs. Uma lesão nessa região pode causar comprometimento de funções cognitivas que provoque um desajuste comportamental. Essa disfunção pode ser identificada por meio de avaliações psicológicas e tecnologias que trabalham com neuroimagens, por exemplo (Kandel et al., 2014, p. 357).

A ligação entre o córtex frontal – principal responsável pelas FEs – e as estruturas subcorticais do lobo temporal também integra um circuito importante no processo cognitivo e emocional. Cada estrutura – tálamo, córtex orbitofrontal, dorsolateral, giro do cíngulo, entre outras – contribui na ativação e coordenação de pensamentos e comportamentos voltados à emoção e à racionalização humana. Um planejamento sobre a decisão correta a ser tomada, a socialização de um indivíduo que envolva empatia e identificação com outra pessoa, a categorização de processos de aprendizagem referentes a uma nova situação – conflituosa ou não – que possa trazer uma demanda de ansiedade, entre outras funções, são organizados por diversas estruturas cerebrais integradas.

A Figura 3.4 ilustra o circuito límbico e a ligação com áreas localizadas no córtex frontal.

Figura 3.4 – Circuito límbico e estruturas do córtex frontal

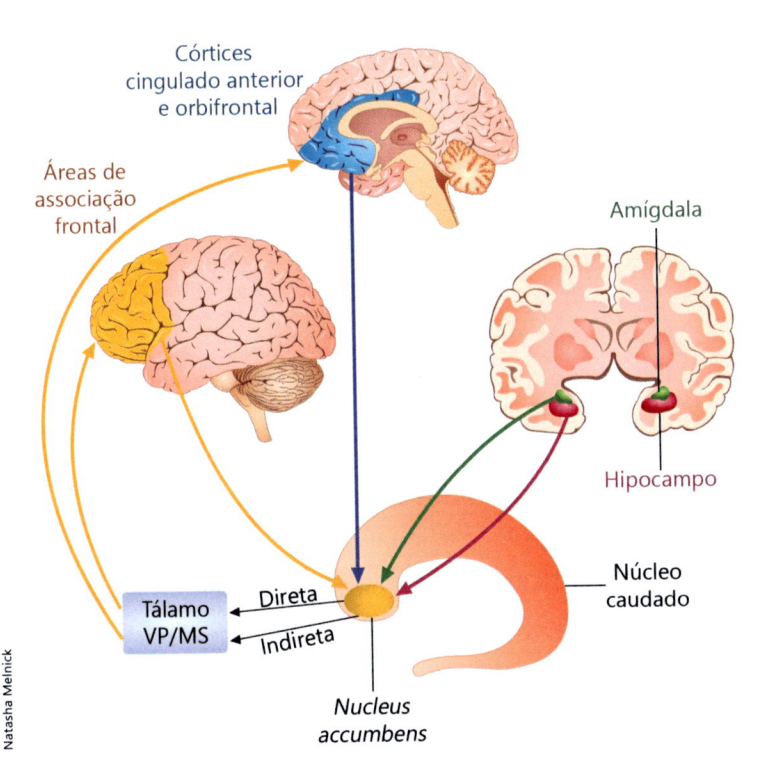

Fonte: Krebs, 2013, p. 322.

Com base nas interligações de ordem biológica, é possível identificar a relação intrínseca entre os processos emocionais e as FEs. Como já mencionamos, todo e qualquer processo cognitivo vem acompanhado de uma carga emocional, como no caso de tomar uma decisão importante e ter medo de decidir de forma equivocada, ou ficar ancioso até que um planejamento seja executado. Podemos citar, ainda, uma situação que, mesmo em um momento de raiva, possa demandar alto nível de controle por parte do indivíduo. Portanto, é fundamental identificar os processos integradores das FEs e sua ligação com a emoção e com as estruturas cerebrais, ativadas em inúmeras situações e contextos.

3.3 Neurofisiologia e neuroanatomia das funções executivas

Os processos neurofisiológicos e neuroanatômicos correspondem ao funcionamento e ao local das atividades do sistema nervoso, respectivamente. De acordo com Carvalho, Rabelo e Fermoseli (2017, p. 17), e corroborando o que já abordamos, o córtex pré-frontal é responsável pelas atividades cognitivas de alto nível de complexidade e mantém uma ligação com a amígdala por meio de um feixe de neurônios. Os pesquisadores também explicam que, com base em investigações por meio de ressonância magnética, foi possível identificar que, quanto mais mielinizados[1] os neurônios que ligam o córtex pré-frontal à amígdala, mais resiliente se mostra o indivíduo.

Um fator importante a ser explicado é que, no processo neurofisiológico, ou seja, no funcionamento das FEs e das emoções, há uma inibição da amígdala por meio das estruturas relacionadas ao córtex pré-frontal; com isso, as condições

・・・・・
1 Mielinização: processo que contém bainha de mielina, substância que nutri e recobre o axônio dos neurônios.

ligadas às emoções negativas são controladas. Por esse motivo, há uma composição de planejamento mais elaborada e, de certa forma, efetiva, sem a ocorrência de distrações ou impeditivos negativos. Portanto, é possível entender que há uma ligação entre o processo de funcionamento das FEs e as estruturas cerebrais relacionadas à emoção e à cognição em alto nível de ativação. Por exemplo, imagine que você precisa persistir em seus projetos de estudo, porém, em virtude de experiências negativas, não consegue progredir. Nesse caso, o treino de funções cognitivas relacionadas ao campo emocional pode contribuir para que novos planejamentos sejam criados. Aliás, outra função considerada executiva, chamada *flexibilidade mental*, pode auxiliar no processo de alternância de possibilidades para a resolução de problemas.

O fato é que novas aprendizagens viabilizam novas perspectivas para chegar a um resultado satisfatório. Obviamente, isso não depende apenas dos processos anatômicos e fisiológicos do sistema nervoso, mas também de condições comportamentais e externas, ou seja, um conjunto de situações do qual a biologia faz parte.

A seguir, observe a Figura 3.5, que representa o circuito pré-frontal/sistema límbico.

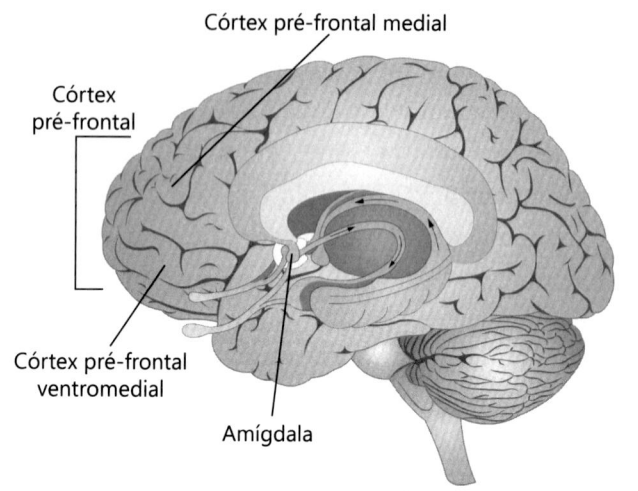

Figura 3.5 – Descrição anatômica das estruturas cerebrais ligadas ao córtex pré-frontal e à amígdala

Córtex pré-frontal medial
Córtex pré-frontal
Córtex pré-frontal ventromedial
Amígdala

Natasha Melnick

Fonte: Carvalho; Rabelo; Fermoseli, 2017, p. 17.

De acordo com Corso et al. (2013, p. 25), as estruturas cerebrais subdivididas e seu funcionamento integrado ao córtex frontal, bem como outros subsistemas do sistema nervoso, já eram mencionados por Alexander Luria quando discorria sobre a teoria do sistema funcional. Para Luria, as regiões frontais do cérebro tinham um grande papel nas FEs, como planejamento, tomada de decisão e autocontrole. Entre o córtex frontal e as demais estruturas cerebrais existe grande inter-relação, ou seja, ele é um gerenciador das atividades efetuadas pelo sistema nervoso. No âmbito neurofisiológico, com base em neuroimagens, é possível identificar a atividade contínua dessa região do cérebro junto às demais regiões do córtex.

Há, por meio de feixes neuronais, uma ligação do córtex frontal com outras áreas, como temporoparietal, sistema límbico e outros circuitos, todos monitorados, gerenciados e coordenados por essa área anterior do cérebro, que tem ligações, de forma recíproca, com o processamento da informação. São inúmeras as funções desempenhadas por esse conjunto neuroanatomofisiológico, mas, para cada ação, existe uma estrutura específica e interdependente, uma vez que o córtex frontal é subdividido em três partes: pré-central, pré-motora e pré-frontal, esta última sob a responsabilidade das FEs (Corso et al., 2013, p. 25).

Portanto, com base nas explicações deste tópico e do anterior, você já deve ter compreendido que o funcionamento e a localização das FEs não estão associados apenas a uma estrutura. Apesar de serem coordenadas pelo córtex pré-frontal, há uma relação multifuncional com outras regiões do cérebro e do sistema nervoso. Assim, a compreensão do funcionamento e o conhecimento das estruturas envolvidas são de extrema importância, pois, caso exista uma disfunção, seja um comprometimento motor, seja cognitivo, seja emocional, será possível buscar a causa raiz e identificar onde está a falha na sistematização, com base em uma análise com qualidade sobre o caso específico, que deve ser avaliado e acompanhado por profissionais da saúde e áreas afins.

3.4
As funções executivas no processo emocional do aprender

Com relação ao aprender e sua relação complexa com as emoções e a capacidade intelectual, vale considerar a seguinte reflexão:

> Quando o aprender é o assunto em pauta, muitas discussões são levantadas, por exemplo, como aprende-se? De que forma o indivíduo aprende? A aprendizagem é apenas um processo de ordem cognitiva ou intelectual? Ou até mesmo é possível aprender sem relacionar-se com o conhecimento efetivamente, algo como apenas decorar um conteúdo? Outro ponto a ser questionado a aprendizagem sendo apenas de ordem do intelecto envolve emoção? Se sim, como estas se relacionam? Enfim, para procurar entender como este processo de aprendizagem acontece é necessário compreender que a complexa missão de aprender não segue apenas um circuito ou uma condição única, mas uma rede integradora que se refere a diversas situações, condições, sistemas, circuitos e estruturas. O processo educacional não engloba uma função ou ação apenas, mas um conjunto de sistemas, considerando práticas, procedimentos, potenciais e ações do aprender e internalizar algum conhecimento recebido. (Corso et al., 2013, p. 21)

Existem diversas funções cognitivas que contribuem para o processo funcional do aprender, também ligadas às emoções, aos comportamentos e à estimulação. Segundo Corso et al. (2013, p. 21), um dos processos mais importantes para a capacidade e potencialidade do aprender, entre as FEs, é a **metacognição**, que pode ser definida como o pensar sobre o que está sendo pensado. Em outras palavras, mais especificamente, a metacognição corresponde à **autorregulação e ao planejamento dos processos do aprender**. Por exemplo, quando você pretende aprender um cálculo lógico-matemático, precisa exercitar funções cognitivas como raciocínio lógico-matemático, memória de trabalho, avaliação do procedimento aplicado para a resolução do problema, supervisão do passo a passo executado, definição do melhor caminho a seguir para resolver o problema, todas elas de responsabilidade da complexa metacognição.

A metacognição faz parte do conjunto de funções consideradas executivas e caracteriza-se pelo processamento de informações de forma ativa, com base em um subsistema de monitoramento e supervisão dos processos cognitivos em atividade. Mas, como já mencionamos, de acordo com Corso et al. (2013, p. 21), a emoção tem um papel extremamente importante na aprendizagem, pois, por meio dela, existe uma relação intrínseca entre FEs, relacionadas à cognição, de alto nível de complexidade, fenômenos psicológicos, humor e outros que contribuem efetivamente para a construção do saber.

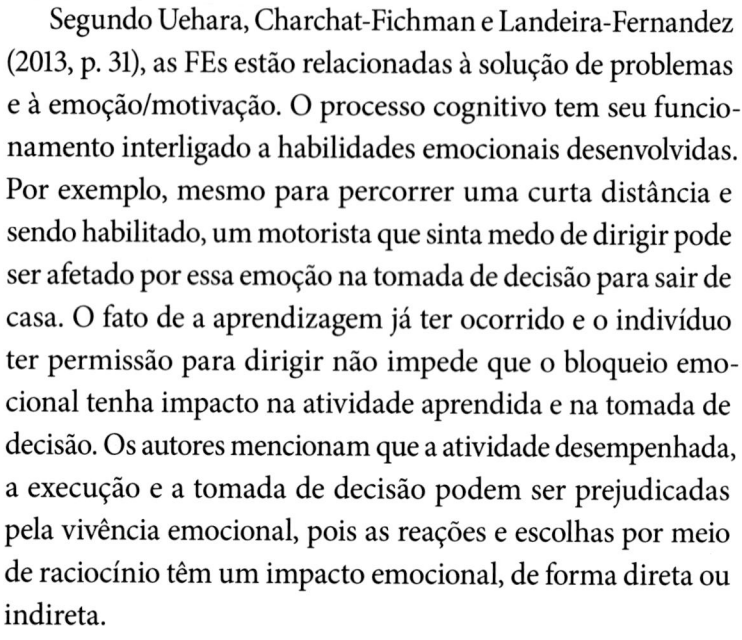

Segundo Uehara, Charchat-Fichman e Landeira-Fernandez (2013, p. 31), as FEs estão relacionadas à solução de problemas e à emoção/motivação. O processo cognitivo tem seu funcionamento interligado a habilidades emocionais desenvolvidas. Por exemplo, mesmo para percorrer uma curta distância e sendo habilitado, um motorista que sinta medo de dirigir pode ser afetado por essa emoção na tomada de decisão para sair de casa. O fato de a aprendizagem já ter ocorrido e o indivíduo ter permissão para dirigir não impede que o bloqueio emocional tenha impacto na atividade aprendida e na tomada de decisão. Os autores mencionam que a atividade desempenhada, a execução e a tomada de decisão podem ser prejudicadas pela vivência emocional, pois as reações e escolhas por meio de raciocínio têm um impacto emocional, de forma direta ou indireta.

Cabe observar que o processo do aprender não é viabilizado apenas por fatores cognitivos, assim como não é apenas por motivo de comprometimento intelectual que não é possível atingir o êxito em uma aprendizagem. Há componentes que integram essa condição, uma vez que que somos constituídos por diversos fatores além dos já citados. As FEs são muito importantes na condição de coordenadoras e reguladoras entre os processos cognitivos e sociais/emocionais. Um indivíduo com certa dificuldade para criar um planejamento, por exemplo, precisa aprender quais são os passos a serem seguidos e evidenciar suas prioridades, seus principais problemas e dificuldades para planejar; com isso, a cada novo planejamento, ele aprenderá a aprimorar as estratégias a serem aplicadas.

Essa condição de aprendizagem e de criação de novas regras, bem como de avaliação e de monitoramento do que deve ser executado, resulta da compreensão das situações vividas por meio da análise dos erros que causaram tristezas, dos acertos que geraram alegria, do medo diante uma situação a ser enfrentada e assim por diante. Tudo isso mostra a relação entre as FEs – responsáveis por avaliar e monitorar – e as emoções ativadas por meio de experiências e aprendizagens.

3.5
Plasticidade cerebral, funções executivas e controle emocional

O processo do aprender envolve diferentes condições e processos. Podemos aprender um conteúdo em determinado momento; posteriormente, esse conteúdo é reorganizado, vivenciado de outra forma, acrescido de uma carga emocional por meio das experiências. Como será que isso ocorre em nível neurofisiológico e como isso se relaciona com a plasticidade? Observe a Figura 3.6, que representa as redes neuronais e a plasticidade cerebral relacionada ao aprender.

Figura 3.6 – Representação ilustrativa das redes neuronais no processo de aprendizagem e plasticidade cerebral

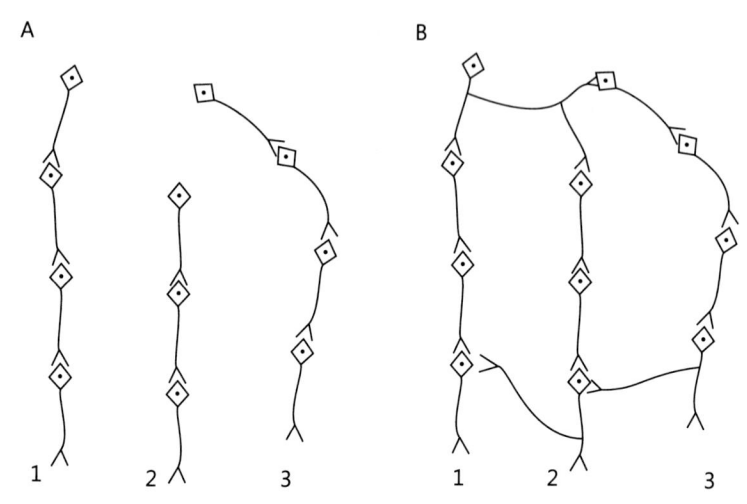

Fonte: Cosenza; Guerra, 2009, p. 37.

    A figura corresponde a duas ações funcionais do sistema nervoso: o processo A refere-se a uma rede ou sistema de neurônios sem interligações e, até mesmo, independentes; no processo B, as redes se conectam e produzem uma interligação. Você deve estar pensando: O que faz com que as redes que estão descritas em A se tornem interligadas em B? Como seria possível essa alteração acontecer? A resposta é o processo do aprender. Cada circuito novo cria novas conexões e estas correspondem a um novo aprender. Por exemplo, uma criança, nos primeiros meses de vida, tem uma estimulação intensa em todos os âmbitos, como linguagem, comportamento motor, coordenação motora fina, entre outros. O que ela aprende, embora possa acontecer de forma coletiva e interacionista (ambiente e indivíduo), será desenvolvido, readaptado e reorganizado de acordo com suas condições e características. Portanto, é fundamental compreender que cada um tem sua forma de desenvolvimento, readaptação e reorganização dos processos do aprender (Cosenza; Guerra, 2009, p. 37-38).

Durante o ciclo de vida, é possível aprender e "desaprender" inúmeras atividades, pensamentos, dados pessoais e outras informações. Isso faz parte do processo natural do desenvolvimento e do envelhecimento. Na infância, há uma aprendizagem contínua na qual se estruturam diversos conceitos, como os de linguagem, memória, coordenação motora; na adolescência, o processo do aprender caminha para um aprimoramento e elaboração do que foi aprendido na infância, ou seja, é o preparo para a vida adulta, que terá outras características quanto ao aprender e ao desenvolvimento humano. A todo momento, há um progresso da aprendizagem, seja de forma adaptativa, seja de forma readaptativa. Por exemplo, na velhice, o indivíduo tem conhecimento do funcionamento de seu organismo, porém, em virtude do comprometimento motor, muitas vezes, ocorre uma dificuldade em reaprender a executar um movimento (Cosenza; Guerra, 2009, p. 36-37).

Essa aprendizagem organizada e reorganizada está intimamente ligada ao processo emocional, uma vez que estruturas como o giro do cíngulo, por exemplo, podem estabelecer mais de uma comunicação, ou seja, dependendo da região cerebral, correspondem ao controle cognitivo – como ativação de funcionamento atencional – e, em outra região, estão ligadas ao controle emocional. Logo, a ligação entre cognição e emoção contribui para o aprender.

Outro aspecto bastante importante é que o desuso da informação pode ocasionar enfraquecimento das vias neuronais e, até mesmo sem lesões, elas podem degenerar de forma gradativa, ou seja, guardadas as devidas proporções, pode haver o esquecimento, o que vai exigir outras rotas de aprendizagem. Claro que isso vai depender de como a aprendizagem ocorrerá, quais serão os processos envolvidos, as emoções inseridas, entre outros aspectos. Nesse caso, ressaltamos, mais uma vez, como é valoroso compreender a importâncias das FEs que monitoram o funcionamento de cada ação cognitiva e emocional.

Por outro lado, sabemos que emoções como tristeza e medo, vivenciadas de forma intensa por um motivo específico – como passar por uma rua escura e levar um susto por causa de um cachorro feroz –, podem ocasionar inibição ou impedir um aprimoramento atencional ou mesmo metacognitivo. Por esse motivo, os treinos para manutenção e reorganização dos processos mentais são fundamentais para readaptação e novas aprendizagem, inseridas em contextos que envolvam ativação de emoções e interações sociais para mais qualidade de vida e aprendizagem no decorrer dela (Cosenza; Guerra, 2009, p. 46-48).

Síntese

Neste capítulo, vimos como são organizadas as informações que recebemos. Para isso, existe a necessidade de um grande organizador, função que também compete ao sistema nervoso. As funções executivas podem contribuir, e muito, para esse processo, uma vez que o cérebro apresenta áreas de projeção, associação, cognição e integração. Você também aprendeu que quem coordena e executa essas informações recebidas são os "chefões" do sistema nervoso, ou seja, os lobos frontais. As funções executivas não se limitam apenas a uma estrutura; embora sua sede sejam os lobos frontais, há uma inter-relação com outras áreas do encéfalo, o que explica a grandeza que o cérebro tem em se reorganizar e se readaptar diante de várias situações, isto é, a plasticidade cerebral. Esse processo de aprendizagem é fantástico, pois possibilita coordenações, autocontrole, tomadas de decisão, alternância nos pensamentos e mais uma infinidade de possibilidades, independentemente de faixa etária.

O processo envolve diversas estruturas cerebrais, que funcionaram harmonicamente e possibilitam a execução de várias funções. Também há uma relação com as vivências de cada ser humano, o que afeta as emoções, a cognição e o comportamento. Quanto mais a maturação avança e a estimulação acontece, mais consolidado se torna o aprender.

Atividades de autoavaliação

1. O controle das funções cognitivas passa por um crivo de coordenação e regulação. Essa organização das informações é dada por um conjunto de estruturas que são classificadas como:
    a) funções cognitivas de alta complexidade das áreas de projeção, localizadas no córtex primário.
    b) emoções secundárias e primárias, coordenadas e reguladas pelas áreas de associação do lobo temporal.
    c) funções associativas primárias, responsáveis pelo recebimento e execução das informações.

d) funções executivas, estruturas cerebrais de lobos frontais, mais especificamente pré-frontais.
e) funções cognitivas, responsáveis pelo controle das atividades básicas de funcionamento do organismo humano.

2. Os lobos frontais são estruturas responsáveis pela coordenação e regulação das funções executivas. Como a maturação dessas estruturas contribui para a aprendizagem?
   a) Quanto ao aspecto de estimulação e aprimoramento de acordo com o aprender, sempre conforme o desenvolvimento singular de cada indivíduo.
   b) Apenas para a aprendizagem que tem ligação com o sistema de ativação regulador central. Esse circuito relaciona-se com o aprender e, intimamente, com as emoções secundárias.
   c) Relaciona-se apenas com o aprender nos primeiros anos da infância, pois, após esse período, não há mais chance de reorganização das capacidades de aprendizagem.
   d) No aspecto estrutural conexionista tradicional, relacionando-se com as demandas de aprendizagem apenas em nível escolar.
   e) Em atividades de nível motor, ligadas apenas a atividades funcionais básicas que estão relacionadas ao sistema límbico.

3. A prática de "pensar sobre o que está sendo pensado" é dada como uma função complexa e articulada em nível cognitivo. Imaginar um cálculo, seu resultado e as possibilidades de acertos ou erros demanda uma organização de pensamento. Dessa forma, é possível afirmar:

a) Para que isso ocorra, o indivíduo faz uso da metacognição, capacidade de processamento cognitivo, importante para o aprender e considerada uma função executiva.
b) As funções executivas são ligadas apenas a uma condição de coordenação, mas não de regulação, razão pela qual a metacognição não se encaixa nesse contexto.
c) A demanda de organização está relacionada com as funções ligadas às emoções primárias em um aspecto neurofisiológico, por isso refere-se à metacognição.
d) O processo de análise cognitiva, apesar de complexo, liga-se apenas às emoções, motivo pelo qual não tem relação com a organização de informações.
e) As funções de coordenação cognitiva ligam-se a funções vitais, mas, para serem consideradas executivas, devem estar ligadas ao lobo occipital.

4. A reorganização e a readaptação das funções pelas estruturas cerebrais ocorrem por meio de novas aprendizagens, o que depende muito de estimulações e das condições a que o indivíduo é exposto. Com base nisso, assinale a alternativa correta:
   a) Essa reorganização é possível em razão de um processo denominado *metacognição*.
   b) A plasticidade cerebral conduz a novas redes e conexões neuronais, o que possibilita novas aprendizagens.

c) Embora tenha alta potencialidade, o cérebro não tem a capacidade de se reorganizar. Dessa forma, o processo do aprender compreende apenas uma linha de absorção do conhecimento.

d) O aprender é apenas possível na fase da infância, quando as informações são de fácil reorganização e a plasticidade cerebral está presente.

e) A aprendizagem está vinculada apenas à fase adulta, pois, antes dessa fase, o sistema nervoso não finalizou sua maturação.

5. As emoções estão intimamente ligadas a processos de ordem cognitiva e, com isso, ocasionam alterações no organismo de diversas formas, inclusive no processo do aprender. Dessa forma, é correto afirmar:

a) Emoções vivenciadas intensamente em um evento traumático podem afetar o desenvolvimento do processo cognitivo.

b) Não há relação entre cognição e emoção quando se trata de fisiologia, apenas em nível anatômico.

c) Toda e qualquer alteração emocional não tem impacto em nível cognitivo, apenas biológico.

d) O aprender traz alterações ao processo emocional, mas não tem relação com a cognição.

e) O desenvolvimento emocional está ligado totalmente com a aprendizagem, o social, mas não tem ligação com a cognição.

Atividades de aprendizagem

Questões para reflexão

1. Diversas bases estruturais fisiológicas e anatômicas do sistema nervoso correspondem ao local e ao funcionamento dos processos emocionais, cognitivos e comportamentais. Compreender qual é a singularidade de cada função, ação, reorganização e execução é muito importante. Por exemplo, qual é a sede das emoções? Quais são as estruturas que compõem a atenção? Para o entendimento dessa interligação, faça uma pesquisa voltada às emoções numa esfera biopsicossocial e analise os principais aspectos psicológicos, sociais e comportamentais que afetam o desenvolvimento humano. Em seguida, reflita sobre as informações coletadas e as relações entre neurociência e emoções.

2. A plasticidade cerebral é um recurso muito importante para a aprendizagem, independentemente da idade ou da fase de desenvolvimento. É necessário estudar e analisar quais as principais características de cada fase para que haja uma interpretação mais específica de cada processo em sua singularidade. Faça uma pesquisa sobre o processo do aprender e elabore uma lista de informações para serem discutidas em um grupo de pesquisa sobre as formas de adaptação e reaprendizagem peculiares a cada fase do desenvolvimento – infância, adolescência, fase adulta e velhice.

Atividade aplicada: prática

1. Crie uma lista de ações que poderão auxiliar na organização de novas atividades de aprendizagem. Podem ser perguntas e respostas, criação de manuais de como aprender ou, até mesmo, palavras cruzadas. Explorar formas do aprender é essencial para novas aprendizagens que outrora não eram possíveis.

4
Inteligência emocional

Você já pensou sobre quantos tipos de inteligência o ser humano tem e quais deles podem ser desenvolvidos? Há pessoas que conseguem desenvolver a inteligência com um maior aprimoramento ou todos podem atingir níveis extraordinários? Quando se trata de inteligência e emoção, essa capacidade sempre será direcionada ao sucesso? Se uma pessoa perdeu alguém na família e não soube lidar com essa situação, isso significa que ela não tem inteligência emocional por demonstrar fraqueza e chorar copiosamente diante desse acontecimento?

Essas questões vêm à tona quando o assunto é inteligência emocional. Há diversos pontos de vista em relação à capacidade de controlar as emoções e tomar decisão, ou, até mesmo, de vivenciar uma emoção específica. Existem, de fato, emoções consideradas negativas?

Neste capítulo, vamos analisar como a inteligência emocional pode contribuir para o crescimento e seu papel nas áreas cognitiva, social e comportamental. As habilidades desenvolvidas pelo intelecto humano podem contribuir muito para a maturação do sistema nervoso e o aprimoramento das funções cognitivas.

4.1
Neurociência e inteligência emocional

Como lidar com questões que envolvem um processo emocional, como uma perda? A perda de um ente querido, com quem convivíamos todos os dias na mesma casa, ou o desligamento de um colaborador com quem trabalhávamos, lado a lado, como amigos durante anos, ou, ainda, a mudança de uma cidade na qual deixamos pessoas próximas, que faziam parte de um círculo social, todas essas situações podem nos desorganizar e nos desestruturar e, nesses casos, precisamos de controle emocional. E como cuidar desse controle?

Em todos os momentos, procuramos organizar nossos pensamentos diante de todas as situações e vivências em nossa história de vida. Por isso, um dos objetivos primordiais da cognição é a organização do conhecimento adquirido, e não apenas a recepção das informações para acomodá-las mediante nossas vivências. Essa atividade mental refere-se a processos de raciocínio e outras funções advindas do pensamento humano, como planejamento, categorização e classificação (Gazzaniga; Heatherton; Halpern, 2018, p. 310; Tice; Bratslavsky; Baumeister, 2018, p. 275-306; Mayer; Roberts; Barsade, 2008, p. 507-536; Cote; Miners, 2006, p. 1-28).

Vejamos, portanto, qual é a relação entre os processos de pensamento ou cognição e a emoção. Segundo Gazzaniga, Heatherton e Halpern (2018, p. 338), o conceito de **inteligência** corresponde à utilização de conhecimentos por meio de processos cognitivos – como tomada de decisão, reorganização em situações de desafio, raciocínio lógico – **para a resolução de problemas** e outras ações em contextos sociais. A capacidade desenvolvida por meio da inteligência deve ser considerada com base em sua relação com o ambiente. Por exemplo, quando uma pessoa altamente habilitada para a resolução de problemas matemáticos é colocada em uma situação que envolva condições de ordem biológica, ela não necessariamente terá alto desempenho; entretanto, ela não deve ser considerada inábil no todo de suas capacidades, apenas não apresenta habilidades para a execução de tal atividade.

Entre os processos de funcionamento do córtex pré-frontal, há um aspecto importante a ser destacado: a socialização, ou a capacidade de lidar com situações em contextos ambientais que exijam a resolução de problemas. Para que essa função seja realizada, coordenada e/ou controlada, é necessária a aplicação de habilidades de inteligência. Quando essas capacidades estão relacionadas ao social, é preciso compreender que existe a necessidade de controle emocional. Imagine, por exemplo, receber um "não" para uma oportunidade de emprego ou na tentativa de iniciar um relacionamento; ou vivenciar uma situação desagradável com alguém por causa de incompatibilidade de pensamentos e, posteriormente, ter de conviver com essa pessoa no mesmo ambiente; ou, ainda, visitar um ente querido em uma cama de hospital e, depois da visita, ter de trabalhar procurando manter o foco nas atividades. Todas essas situações envolvem processos de capacidade intelectual e emocional, em que se busca usar habilidades para lidar com experiências adversas.

Segundo Gazzaniga, Heatherton e Halpern (2018, p. 343),

> essa capacidade de inteligência é intitulada inteligência emocional, que se caracteriza como uma habilidade intelectual para lidar com situações sociais. Ela é definida a partir de quatro habilidades: gerenciar e/ou administrar os processos emocionais; utilizar as emoções para executar o pensar e o agir; reconhecer e identificar emoções de outrem; e compreender a linguagem em um processo emocional.

Dessa forma, os processos emocionais estão relacionados diretamente com o funcionamento do sistema nervoso, envolvendo inteligência, memória, atenção, entre outros, para a tomada de decisão e outras atividades complexas, desenvolvidas por todos nós.

4.2
Bases biológicas da inteligência emocional

A inteligência, como mencionado no tópico anterior, define-se como uma habilidade de resolução de problemas de ordem cognitiva e social em um determinado contexto, ou seja, uma relação entre processos exógenos e endógenos. Por esse motivo, para entender como ocorre o funcionamento dos processos intelectuais (sociais e biológicos, por exemplo), é necessário compreender a fisiologia e a anatomia da inteligência. O que ocorre com o sistema nervoso quando estamos prestes a iniciar um planejamento ou tomar uma decisão que envolve um aspecto emocional? Quais são as estruturas cerebrais interligadas para que esse processo ocorra e qual é o nível de exigência delas para que esse comportamento ocorra? Quando há um déficit de ordem cerebral, que impacto isso gera na tomada de decisão e no controle emocional? (Gazzaniga; Heatherton; Halpern, 2018, p. 310)

Questões como essas são analisadas com base em vários vieses, sendo um deles o biológico. A inteligência abrange fatores que, relacionados às emoções, a tornam ainda mais complexa, pois envolvem diversas áreas do desenvolvimento anatômico e fisiológico do sistema nervoso (Ekman, 1999, p. 45-60; Petrides et al., 2016, p. 335-341; Krapohl et al., 2014; Shuck; Albornoz; Winberg, 2013).

Com relação à neurofisiologia, é necessário compreender como uma estrutura importante do sistema nervoso, o neurônio, distribui-se pelo organismo humano e qual é sua contribuição para o processo do aprender, a inteligências e as emoções. Em números aproximados, estima-se que há, aproximadamente, 80 bilhões de neurônios em nosso sistema nervoso, mas o interessante é como eles funcionam para que as redes de aprendizagem sejam ativadas (Nanda et al., 2017, p. 46-49; Stone, 2017, p. 3-4; Heinbockel, 2018, p. 1-9; Gulyaeva, 2017, p. 237-242).

Sobre essa questão, considera-se que:

> Cada neurônio tem, em sua capacidade de execução, uma possibilidade de, aproximadamente, 60 mil sinapses no cérebro e de 150 no cerebelo, e, com isso, ocorrem 100 mil recebimentos elétricos por segundo, a partir disso é importante analisar que cada cérebro tem sua particularidade em seu funcionamento e, com isso, proporciona diversas formas de aprender e isso de maneira singular. (Rotta; Bridi Filho; Bridi, 2018, p. 11)

No processo fisiológico do sistema nervoso, o neurônio interliga redes de informação entre diversas regiões do córtex cerebral. Na Figura 4.1, você pode observar imagens de neurônios que compõem redes neuronais.

Figura 4.1 – Representação ilustrativa de neurônios em diversas áreas do organismo humano em relação ao sistema nervoso e às ligações sinápticas

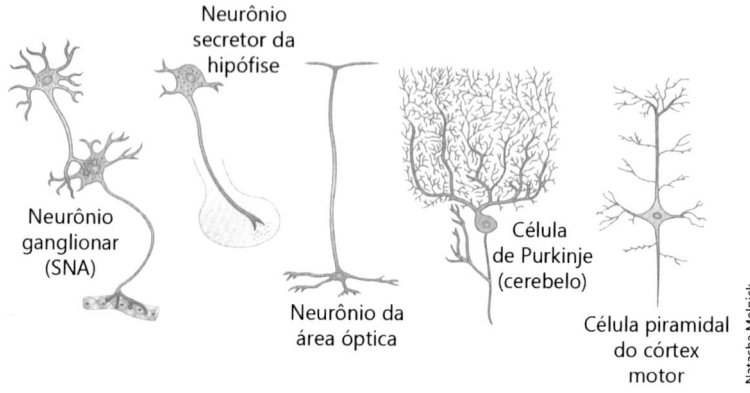

Fonte: Meneses, 2011, p. 11.

Uma vez que há ligação entre capacidades intelectuais e processos emocionais, existe uma relação de inúmeras estruturas localizadas no córtex cerebral em uma rede. Funções cognitivas como memória, atenção, planejamento, tomada de decisão, flexibilidade mental, raciocínio lógico, coordenação viso-motora, entre muitas outras, em vários momentos estão funcionalmente ligadas às emoções – alegria, tristeza, medo, ansiedade, raiva, empatia etc. – e cada uma das funções tem um centro de ativação e desenvolvimento de ordem biológica e estrutural. Porém, todas são interligadas, ou seja, não há um local específico para a memória, um local específico para a alegria, mas há uma rede por meio da qual todas se comunicam entre si e efetivam o funcionamento geral de cada ação cognitiva e emocional.

Um exemplo da interligação entre funções cognitivas e de ordem emocional é a formação hipocampal, corpo mamilar junto à estrutura chamada *amígdala* (Figura 4.2), na qual a primeira é ligada à memória e a segunda ao conteúdo das emoções; ambas contribuem para atividades relacionadas à inteligências. Contudo, não são apenas essas estruturas que são ligadas ao processo cognitivo e ao desenvolvimento emocional. Há outras estruturas cerebrais, como os núcleos da base, a secção do subcortical tegmental anterior e o estriado anterior, que também estão envolvidas com a emoção, isto é, todas essas áreas cerebrais ligam-se a questões de recompensa e tomada de decisão e são ativadas por meio do sistema límbico (córtex temporal) e de processos complexos de decisão (desenvolvidos no córtex frontal) que contribuem para o funcionamento da capacidade de resolução de problemas e outras situações (Martin, 2014, p. 387).

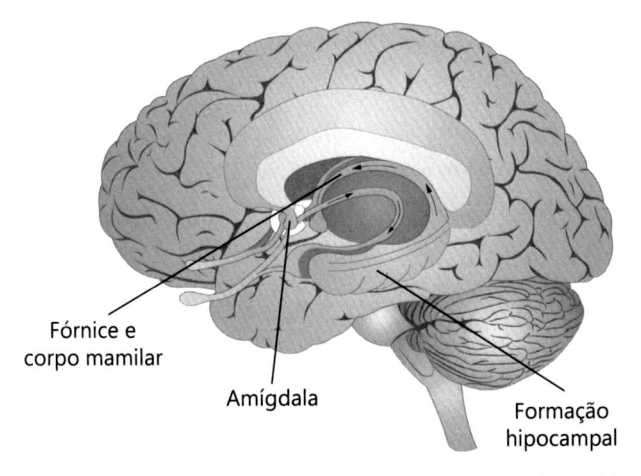

Figura 4.2 – Estruturas cerebrais do fórnice do corpo mamilar, da amígdala e da formação hipocampal

Fonte: Martin, 2014, p. 388.

A figura ilustra estruturas que compõem parte de um conjunto de funções ligadas a centros de recompensa, condições punitivas e tomada de decisão. Toda e qualquer área cerebral tem sua singularidade e importância, e o completo funcionamento do cérebro humano mostra, anatomicamente e fisiologicamente, a grande rede de conexões das funções do sistema nervoso, sejam elas de ordem emocional, sejam de ordem cognitiva, bem como a ligação entre elas (Martins; Bhattacharya; Kumar, 2012, p. 316).

4.3
Emoção e inteligência

Existem inúmeras teorias voltadas às inteligências, como a teoria dos dois fatores, a de Cattell-Horn-Carroll (CHC), a teoria triárquica da inteligência de Sternberg, entre outras, que buscam explicar a relação entre os aspectos da inteligência e fatores biológicos, psicológicos e emocionais (Schelini, 2006, p. 323-332; Miranda, 2002, p. 19-29).

Sabemos que os processos de ordem intelectual estão diretamente ligados a várias outras funções desenvolvidas pelos seres humanos, como as emoções. Ficamos alegres por termos recebido uma boa notícia ou em razão de um dia de sol que possibilita a realização de um passeio no parque e de um piquenique com familiares e amigos. Entretanto, saber que um ente querido faleceu ou que seu melhor amigo vai se mudar ou, ainda, receber o comunicado de demissão da empresa em que trabalhamos durante muitos anos são situações que podem causar um desconforto. A notícia de que todo o seu trabalho do dia foi perdido em virtude de uma falha sistêmica pode ativar uma emoção chamada *raiva*. Essas emoções podem desajustar todo um meio social, já que podem provocar desentendimentos, decepção, perda de controle.

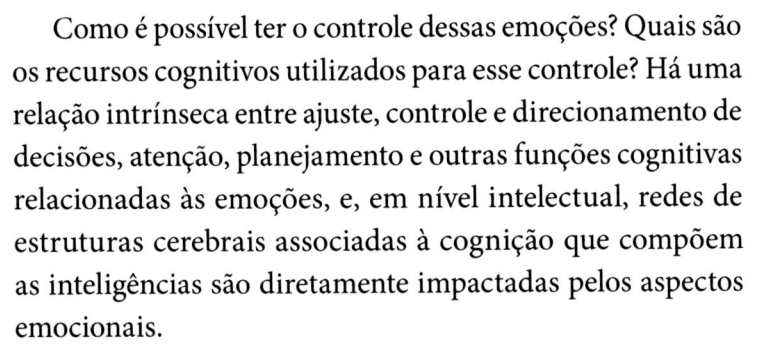

Como é possível ter o controle dessas emoções? Quais são os recursos cognitivos utilizados para esse controle? Há uma relação intrínseca entre ajuste, controle e direcionamento de decisões, atenção, planejamento e outras funções cognitivas relacionadas às emoções, e, em nível intelectual, redes de estruturas cerebrais associadas à cognição que compõem as inteligências são diretamente impactadas pelos aspectos emocionais.

Outro ponto importante é que a interação entre inteligência e emoção não é restrita a fatores internos e biológicos; ela envolve também fatores biopsicossociais. Por esse motivo, é necessário considerar também os aspectos sociais que contribuem para a inteligência.

Fatores culturais, como práticas do cotidiano, hábitos, atividades relacionadas àquilo que é comum aos indivíduos, influenciam no aperfeiçoamento das inteligências, mesmo que indiretamente. Por exemplo, alguém que tem familiares músicos, mesmo não desenvolvendo sua habilidade musical, tende a ter um conhecimento musical, ainda que básico, pois, por meio das interações, das relações interpessoais, a música é vivenciada e, assim, exercerá influência. Dessa forma, é possível inferir que a inteligência não se limita a uma questão biológica, abrangendo também a interação de fatores biopsicossociais, que podem ser aperfeiçoados ou não, de acordo com cada indivíduo.

Portanto, quando partimos de um pressuposto biopsicossocial, é importante entender que cada habilidade desenvolvida – atenção, memória, planejamento, raciocínio lógico-matemático, corporal-cinestésico, entre outras – varia de indivíduo para indivíduo, pois, apesar de o aparato biológico ser o mesmo, ou seja, cérebro, sistema nervoso, estruturas corticais etc., há de se considerar o meio no qual o indivíduo está inserido e como seus processos psicológico, emocional e cognitivo serão estimulados.

Quando se trata de inteligência e emoção, é necessário colocar em discussão que a questão não é analisar o certo ou o errado, o sucesso ou o fracasso, mas como essa inteligência é aplicada a outros processos, nesse caso, a emoção e sua intensidade. Cada pessoa tem uma forma de decidir, agir e pensar; assim, se há uma resolução complexa a ser efetuada, se ela envolver familiares, pessoas emocionalmente ligadas à família, com fortes vínculos, há uma tendência de as respostas serem emocionalmente diferentes no caso de partirem de pessoas com quem essa ligação não exista. Conforme Gazzaniga, Heatherton e Halpern (2018, p. 338), a inteligência é a capacidade, a habilidade de resolução de problemas de ordem cognitiva ou social; logo, cada um terá uma forma de solucionar determinado problema.

Baseando-se nisso, Gardner, Chen e Moran (2010, p. 18-20) explicam quais são os diversos componentes que contribuem para a construção das inteligências, sendo esse um processo biopsicossocial, que inclui capacidade intelectual, emoção, relacionamento interpessoal, entre outros. Eles também destacam, como já citamos, que cada pessoa é singular em suas vivências, pois ninguém experiencia uma emoção da mesma forma. Por esse motivo, reconhecemos, mais uma vez, a relevância da relação entre a inteligência e os aspectos emocional e social, não apenas sob uma perspectiva biologicista, pois a falha em uma competência – como não conseguir executar tarefas laborais após uma perda – não quer dizer que o indivíduo não seja capaz de lidar com a situação ou não tenha controle emocional. Pode ser que ele tenha outra forma de resolver o problema e experienciar o momento de luto, que pode envolver tristeza, dor, raiva e outras condições de ordem emocional. Cada indivíduo tem seu tempo de resposta, ainda mais em situações de muita complexidade que relacionam inteligência e emoção.

4.4
Inteligência e emoção no aprender

Para iniciar esta seção, cabe refletir sobre o que significa o aprender. Seria participar de uma aula e, logo em seguida, "decorar" um conceito, mesmo não sabendo aplicá-lo posteriormente? Ou seria ter conhecimento prático de alguma atividade, mas sem entender a teoria sobre essa prática? Como se organizam e são administrados os pensamentos relacionados ao aprender tem muito a ver com a forma que são coordenados e como ocorrem as interações com outros indivíduos e com o meio em geral.

Robert Sternberg, citado por Gama (2014, p. 670), explica que a inteligência se caracteriza como um construto composto de três subestruturas:

- A primeira está relacionada com a capacidade do indivíduo em lidar com situações internas, ou seja, reflexões, análises etc.
- A segunda corresponde à habilidade de lidar com situações novas, resoluções de problemas que, para o indivíduo, são novos.
- A terceira está ligada à interação com o meio ambiente, à adaptação e às transformações por meio da relação interpessoal.

Dessa forma, podemos analisar que a inteligência não parte apenas de processos unicamente cognitivos, mas de uma integração de capacidades analíticas, criativas e práticas, assim definidas pelo próprio Sternberg, citado por Gama (2014, p. 671). Portanto, dentro do construto da inteligência, é possível identificar que cada indivíduo tem seu desenvolvimento de aprendizagem mediante suas vivências, experiências, processos de pensamento, emoções e tudo aquilo que é relacionado a suas habilidades de aprendiz. Quando Sternberg fala das capacidades cognitivas associadas à criatividade, à análise e à experiência, mostra que não há indivíduos que não aprendem, e sim indivíduos que aprendem de forma diferente; entretanto, no contexto do aprender voltado à escola, em geral, há um reforço do aprender de forma analítica, do gerenciamento do conhecimento e de uma administração do controle de processos de pensamento. Porém, quando a aplicação do conhecimento é exigida, alguns não demonstram tanta facilidade assim, uma vez que houve aprendizagem apenas de nível de análise, mas não de execução.

Outro aspecto importante diz respeito ao aprender relacionado à administração de informações armazenadas quando elas não são desenvolvidas para condições novas ou imprevistas, isto é, percebe-se menos habilidade para ativar essas informações. Todavia, como já mencionamos, isso não quer dizer que os que conseguem exercitar essa capacidade sejam superiores no aprender em relação a quem não consegue, ou seja, existe apenas uma facilidade no aprender quanto a isso.

Imagine, por exemplo, um grupo de crianças que precisa desvendar um enigma que exige grande esforço mental para a decodificação de signos, problemas fora da realidade do solucionador e outros processos mentais. Cada criança, provavelmente, responderá à tarefa de uma forma, o que não quer dizer que a criança que solucionar o enigma seja mais inteligente do que as que não conseguiram resolver. Ela apenas tem uma habilidade diferente e, talvez, mais apurada do que a dos outros em um aspecto específico, podendo apresentar dificuldades em outras situações. Logo, quando falamos em aprender, é importante pensar sobre as formas de aprender e sobre o fato de que cada indivíduo tem seu tempo e suas habilidades para o desenvolvimento da inteligência, a qual não corresponde somente a uma condição.

4.5
Controle emocional e aprendizagem

Em um universo de emoções que se apresentam todos os dias em diversos contextos, buscamos ter controle emocional em face de um agente estressor, como uma situação de cobrança excessiva, evidências de baixa autoestima, ambiente hostil e mais uma infinidade de situações, em que não sabemos o que fazer ou como nos portar. Por exemplo, um aluno chega à sala de aula e o professor lhe faz uma pergunta abruptamente; nessa situação, o aluno sente-se coagido e, depois, não consegue prestar atenção ou se concentrar na aula. A dúvida que pode ser levantada é: Isso afeta diretamente a aprendizagem ou é possível ter um controle sobre a situação, sem ser prejudicado em relação ao aprender?

O fato é que qualquer ação que comprometa a aprendizagem (considerando-se a aprendizagem como um todo, definida como um processo biopsicossocial) pode prejudicar o desenvolvimento em nível cognitivo ou emocional, pois não há uma separação entre essas dimensões, mas uma interligação que contribui para o desenvolvimento do indivíduo.

As emoções estão inseridas continuamente no cotidiano; qualquer eventualidade, caracterizada como recompensa ou punição, carrega uma carga emotiva. Mas como ter um controle sobre elas? No parágrafo anterior, mencionamos uma situação de possível tensão, na qual várias as reações comportamentais que podem ocorrer, entre elas fugir, chorar, gritar, correr, sentar ou calar-se. Porém, para que seja dada uma resposta "adequada", sem que não haja perda do controle, é necessário o uso de funções cognitivas que desempenham autocontrole. Por exemplo, ao ser coagido diante de uma pergunta que talvez esteja fora de seus domínios de conhecimento, o aluno que está em sala de aula precisa identificar estratégias cognitivas para aprender como lidar com a situação e pensar sobre o que foi falado, ou seja, funções executivas que se referem a aspectos de ordem cognitiva, que gerenciam e administram os pensamentos gerados a todo momento. Todo esse contexto está, de forma intensa, ligado à emoção e à racionalidade (Corso et al., 2013, p. 21-29).

De acordo com Bartholomeu, Sisto e Rueda (2006, p. 140), crianças com falta de controle emocional apresentam alto nível de dificuldade de aprendizagem, além de regredirem no conhecimento já adquirido. Há também questões como baixa autoestima e outras fragilidades que um ambiente estressor e hostil pode acarretar. Segundo os autores, a dificuldade do aprender somada a problemas de ordem emocional ocasiona impulsividade, por exemplo, gerando instabilidade emocional no aluno. Outro fator é que há uma relação entre problemas de ordem emocional e de escrita. Em uma pesquisa sobre dificuldade de escrita e comprometimento emocional, foi identificado que há correlação entre as variáveis, ou seja, alunos comprometidos emocionalmente apresentam piores resultados no processo do escrever (Bartholomeu; Sisto; Rueda, 2006, p. 144-145).

Desse modo, é importante ressaltar a importância de desenvolver capacidades e habilidades cognitivas. Como já mencionamos, as funções executivas são responsáveis por gerenciar e administrar os processos de pensamento, inclusive o aprender. O autocontrole é uma função que resulta de ativações em alto nível do córtex pré-frontal e que muito contribui para a organização das ideias e do processo do aprender, tanto no contexto escolar quanto fora dele. Em outros contextos, o autocontrole também é requerido, constantemente, para decidir e planejar negócios, entre outras várias ações, ou seja, ele é um dos responsáveis pelas ações de comportamento controlado, o fazer e o não fazer, o aprender e o não aprender.

O campo da aprendizagem é amplo e está interligado a inúmeras outras funções de ordem ambiental, psicológica e social. Portanto, havendo uma falha em todo esse processo, pode ser que haja um desajuste social, emocional e/ou psicológico. Por isso, quando se identificam correlações, por exemplo, entre uma demanda de violência psicológica e agressão física, é importante localizar a raiz do problema e trabalhar sobre ela para lograr sucesso em nível de controle emocional e também cognitivo.

Síntese

Neste capítulo, vimos que a inteligência é a capacidade de lidar com problemas e trazer resoluções para essas situações do dia a dia. Todo e qualquer ser humano tem essa capacidade, embora alguns consigam aprimorá-la mais do que outros. Quando nos referimos à inteligência emocional, devemos considerar que ela tem em si profunda relação com o controle, a regulação e o direcionamento das capacidades cognitivas e emocionais, nas quais, continuamente, ocorrem as adaptações, isso em qualquer contexto, seja familiar, seja profissional, seja acadêmico.

O processo neurobiológico mostra que as alterações fisiológicas e estruturais são interdependentes nas resoluções de problemas. Dessa forma, não há apenas uma habilidade fixa e única, mas habilidades: uns conseguem lidar melhor com ansiedade e recompensa; outros, com tristeza e perda; outros, com alegria e sucesso. O fato é que todos têm o potencial para lidar com diversas situações em se tratando de resolução de problemas; aliás, a não resolução já é um resultado que pode ser aprimorado para melhorar o processo do aprender.

Também destacamos que as formas de lidar com a situação em que a inteligência emocional é exigida e suas reações eletroquímicas são aprimoradas de acordo com os estímulos e com o aprendizado de cada uma. Assim, o processo varia de pessoa para pessoa; basta compreender como esse mecanismo funciona para cada um, respeitando-se suas particularidades.

Atividades de autoavaliação

1. A inteligência pode ser definida como a capacidade de resolver problemas do cotidiano. Essas resoluções passam por algumas funções de que o sistema nervoso dispõe. Com base nessa afirmação, assinale a alternativa correta:
    a) A cognição em geral e, principalmente, a tomada de decisão são funções importantes para a resolução de problemas relacionados ao cotidiano ligados a diversos contextos, o que pode definir o conceito de inteligência.

b) Os construtos de emoções primárias e secundárias relacionam-se com a inteligência diretamente; desse modo, as resoluções de problemas restringem-se a elas.

c) A inteligência está relacionada a um construto único, por isso a não resolução de qualquer problema do cotidiano significa que há uma inabilidade geral desse construto.

d) As emoções não estão interligadas à inteligência pelo simples motivo de o cérebro não fazer associação entre ambas.

e) A inteligência está ligada às emoções, porém não há ligação com funções cognitivas executivas.

2. Processos e estruturas cerebrais de ordem fisiológica e anatômica estão interligados quando o assunto é intelecto e emoção. Dessa forma, é possível afirmar:

a) Memória, planejamento e autocontrole estão ligados apenas a emoções primárias, mas não a emoções secundárias.

b) As emoções secundárias, consideradas como sociais, estão ligadas a capacidades intelectuais de ordem social, como inteligência interpessoal, mas não a outras funções cognitivas.

c) As emoções secundárias são a base das capacidades intelectuais e, por meio delas, são criadas todas as resoluções de problemas do dia a dia.

d) As emoções primárias, por serem inatas, não se relacionam com capacidades intelectuais voltadas ao processo interpessoal, apenas ao intrapessoal, em razão das questões eletroquímicas.

e) As capacidades intelectuais estão intimamente interligadas por estruturas cerebrais e funções eletroquímicas associadas a processos emocionais. O córtex cerebral proporciona essa relação, que é uma via de diversos sentidos e que auxilia no desenvolvimento e maturação dessas capacidades.

3. A capacidade intelectual está ligada a diversas estruturas conceituais, cujo objetivo é a resolução de problemas do dia a dia. O envolvimento das funções refere-se à ligação de processos neurobiológicos. Dessa forma, é correto afirmar:
   a) Todo o sistema nervoso tem papel importante no aprender e isso possibilita a criação de diversas redes neuronais, que se aprimoram com o decorrer do tempo e com a estimulação do indivíduo.
   b) Apesar de toda a expansão do sistema nervoso, são mínimas as estruturas que se ligam biologicamente, o que impossibilita a relação entre emoção e inteligência.
   c) Estruturas como a amígdala cerebral têm relação com as emoções *alegria* e *tristeza*, por isso não fazem parte desse envolvimento funcional.
   d) O processo neurobiológico está ligado apenas às emoções *alegria* e *ansiedade*, mas, em geral, o intelecto não processa informações ligadas a essas emoções.
   e) O córtex cerebral processa emoções relacionadas a boas experiências, e assim é dada a possibilidade de funcionamento de capacidade intelectual.

4. O baixo controle emocional em crianças tem afetado seriamente os processos do aprender; essas crianças demonstram fragilidade diante de ambientes hostis. Com base nessa afirmação, assinale a alternativa correta:
   a) O fato de haver baixo rendimento na aprendizagem não tem ligação com a questão emocional, mas apenas social.
   b) O fator emocional é essencial para o aprender, razão pela qual, se a capacidade emocional estiver prejudicada, a aprendizagem também será afetada.
   c) As capacidades emocionais vindas de processos inatos não sofrem impacto diante de um ambiente hostil, por isso não há fragilidade no aprender nesse aspecto.
   d) Emoções secundárias consideradas sociais têm mais fragilidade do que as emoções primárias, pelo motivo de serem mais vulneráveis.
   e) As emoções inatas desenvolvem-se a partir das emoções secundárias e por meio dessa relação os seres humanos conseguem raciocinar melhor.

5. O autocontrole é uma capacidade cujo centro de ativação tem como sede o córtex frontal. Essa função cognitiva contribui para que a aprendizagem se desenvolva e o indivíduo possa lidar com erros e acertos e outras situações. Diante dessa afirmação, assinale a alternativa correta:
   a) O autocontrole contribui muito para o funcionamento da capacidade intelectual, mas, quando se trata de emoções primárias, ele não é efetivo.

b) Entre as diversas funções cognitivas, o autocontrole é o único que não tem ação quando o processo do aprender é exigido para o contexto escolar.
c) O autocontrole contribui para organização das informações e para a capacidade intelectual como um todo, isso relacionado ao contexto social e às emoções.
d) Crianças que desenvolvem a capacidade de autocontrole podem até ter grande capacidade de organização de ideias, mas não conseguem tomar decisões em virtude da não relação com as emoções primárias.
e) O autocontrole contribui para a regulação e coordenação das emoções primárias, mas, quando se trata de emoções secundárias, essa função cognitiva não tem ação.

Atividades de aprendizagem

Questões para reflexão

1. Para entender melhor a relação entre inteligência e emoção, é importante analisar qual é a ligação entre ambas e definir quais são as emoções primárias e secundárias e quais são os processos cognitivos. Dessa forma, faça uma pesquisa com o objetivo de analisar a ligação entre inteligência, emoções primárias, emoções secundárias e processos cognitivos gerais, como atenção, memória, planejamento e aprendizagem, em diversos e variados contextos, como trabalho, escola e atividades de lazer. Com base nessa pesquisa, responda: Qual é o impacto que todos esses processos provocam no dia a dia das pessoas?

2. O autocontrole e a tomada de decisão são processos cognitivos e funções executivas que podem auxiliar na aprendizagem, pois o aprender não se limita à cognição. Assim, é necessário entender o indivíduo biopsicossocial, como ele é construído socialmente e quais são os principais fatores culturais que contribuem para as atividades cognitivas. Pesquise em materiais de outras áreas do conhecimento, relacionadas às neurociências e às áreas da aprendizagem, sobre o que leva um indivíduo a ter menor ou maior autocontrole.

Atividade aplicada: prática

1. Liste as principais causas da não aprendizagem em sala de aula. Depois, crie um quadro em que você relacione essas causas, os processos cognitivos e as emoções envolvidos. Por exemplo, é possível apontar que o não aprender é um resultado de uma desatenção (processo cognitivo) decorrente da tristeza (emoção primária) de ter de mudar de cidade com os familiares e deixar os amigos (social).

5
Emoção, comunicação e adaptação social

O ser humano é um ser social e é importante a construção de vínculos por meio de relacionamentos interpessoais. Você sabe como isso é feito? Por meio da comunicação! E não nos referimos apenas à comunicação verbal e oral, por meio de uma conversa ou de um diálogo, mas a toda e qualquer condição em que esteja presente a expressão por meio da linguagem.

Todo ser humano dispõe de uma forma de comunicação por meio da linguagem, e isso envolve emoções, pensamentos, vivências e experiências. A emoção não se restringe a um processo fisiológico, mas resulta de um conjunto de fatores externos que, somado aos social, por exemplo, auxiliam o indivíduo em um processo de adaptação social. Com isso, podemos afirmar que cada um tem suas vivências, emoções e ações de acordo com seu desenvolvimento.

5.1
Processo de linguagem, comunicação e emoções no contexto social

O que assegura a condição de humanidade dos seres humanos? Segundo Bernardes (2011, p. 225), há vários fatores que humanizam o homem; um deles é a apropriação da linguagem, junto com o pensamento, envolvido e mergulhado em situações e condições emocionais e sociais, além dos fatores biológicos. Desde uma base epistemológica, que envolve, por exemplo, o contexto social e o histórico, até estruturas biológicas, há uma complexidade no desenvolvimento dos processos linguísticos. Os humanos são seres sociais e, portanto, compete a nós a construção tanto de aprendizagem individual quanto de relacionamento interpessoal.

À luz da psicologia histórico-cultural, entendemos que tudo que está no sujeito esteve antes no ambiente; logo, se houve a criação de comunicação por parte do homem – por meio de caracteres, desenhos, signos que correspondem aos mais variados significados –, é porque houve necessidade imposta pelo ambiente para essa criação. Podemos citar, como exemplo, as pinturas rupestres, que registravam diversos acontecimentos do cotidiano e, assim, eram comunicados a outros humanos; podia ser um registro de como foram suas caçadas ou um controle cronológico, por exemplo. (Gentner; Goldin-Meadow, 2003, p. 197-234; Tomasello, 2017, p. 47-50; Kim, 2015).

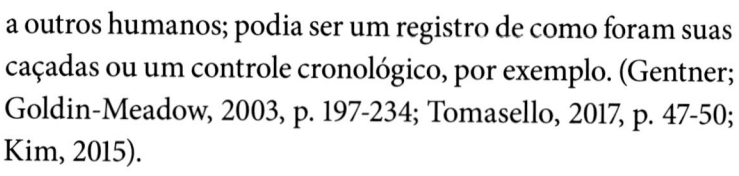

Nossas explanações iniciais buscam evidenciar que a linguagem possibilita a vivência de diversas interações, como aprender um idioma, uma profissão, uma atividade esportiva, entre tantas outras possibilidades. A inter-relação entre os processos cognitivos, como atenção, memória, planejamento, e o contexto social proporciona uma organização comunicativa regida, arbitrariamente, por regras sociais, gramaticais, semânticas e ortográficas, em todos os contextos do aprender. Isso exige níveis de compreensão, ação e socialização como um todo, pois, no que tange à capacidade intelectual – considerada por Vygotsky como uma função psicológica superior –, a linguagem tem papel fundamental em relação ao crescimento e à maturação no que diz respeito à humanização (Bernardes, 2011, p. 325-326).

Antes de tratarmos do conceito de linguagem, é importante considerar uma das áreas científicas que estudam os processos da linguagem, a linguística. Assim como a biologia busca uma explicação para o que é a vida e a filosofia procura entender o que é a razão, a linguística se aprofunda em saber o que é e como funciona a linguagem humana. Uma das quase unânimes afirmações na área da linguística é que a linguagem humaniza o homem e o diferencia dos demais animais. Há uma complexidade nesse processo em virtude da sistematização dos códigos, ou seja, letras, sinais de pontuação e outros símbolos, bem como com relação às regras de uso, principalmente quando se trata de linguagem escrita. Com relação à linguagem oral, em alguns momentos, a expressão do idioma produz um mesmo som, mas com significados diferentes, o que gera outro entendimento e afeta a construção da compreensão ou interpretação para cada cultura. Por exemplo, *para*, do verbo *parar*, e *para*, preposição, apesar de a sonoridade ser a mesma, tem significados diferentes (Lyons, 2013, p. 3).

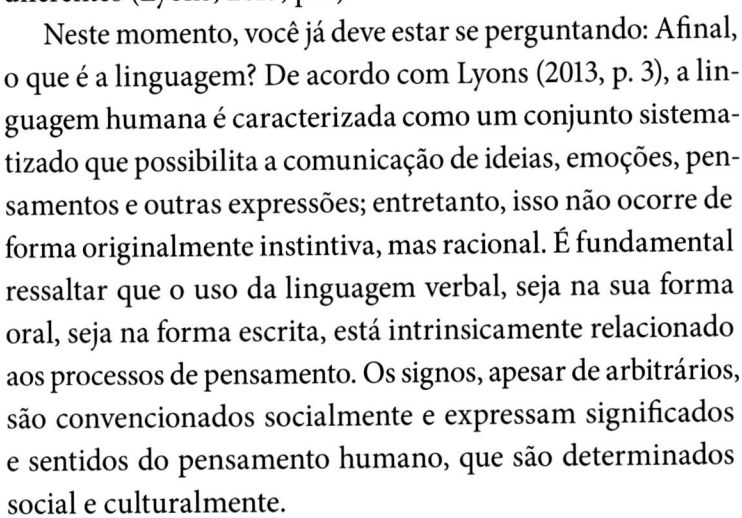

Neste momento, você já deve estar se perguntando: Afinal, o que é a linguagem? De acordo com Lyons (2013, p. 3), a linguagem humana é caracterizada como um conjunto sistematizado que possibilita a comunicação de ideias, emoções, pensamentos e outras expressões; entretanto, isso não ocorre de forma originalmente instintiva, mas racional. É fundamental ressaltar que o uso da linguagem verbal, seja na sua forma oral, seja na forma escrita, está intrinsicamente relacionado aos processos de pensamento. Os signos, apesar de arbitrários, são convencionados socialmente e expressam significados e sentidos do pensamento humano, que são determinados social e culturalmente.

Outro aspecto que destacamos é a função transformadora que a linguagem verbal produz, uma vez que seu uso possibilita aumento no vocabulário, manutenção e organização dos processos de memória, interação e integração social, mediação de conflitos, entre outros. A funcionalidade não fica apenas no âmbito cognitivo, como já comentamos, mas se estende aos âmbitos social, familiar e profissional. O ato da comunicação humana corresponde a uma gama de signos carregados de significados e sentidos de ordem cultural, social, histórica, emocional, profissional, entre outras.

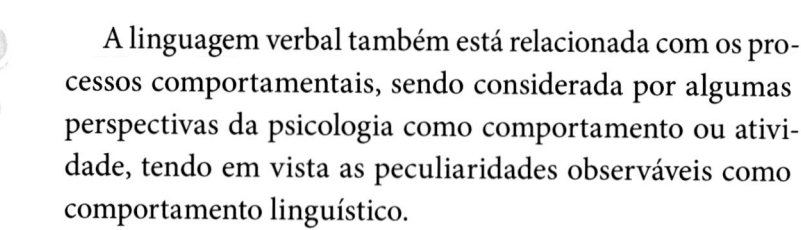

A linguagem verbal também está relacionada com os processos comportamentais, sendo considerada por algumas perspectivas da psicologia como comportamento ou atividade, tendo em vista as peculiaridades observáveis como comportamento linguístico.

De acordo com Chomsky (Lyons, 2013, p. 8), a linguagem pode ser definida com base em dois conceitos: competência e desempenho. A competência caracteriza-se como o armazenamento das informações memorizadas em relação à linguagem, e o desempenho, como a aplicação funcional dessa habilidade em determinado idioma. O desempenho linguístico pressupõe a competência. Em outras palavras, a competência diz respeito ao conhecimento linguístico que detemos, e o desempenho refere-se ao uso que fazemos desse conhecimento; no desempenho, também há interferência de fatores como memória, atenção, organização do pensamento, questões emocionais e fisiológicas. Um bom exemplo é quando iniciamos a aprendizagem de outro idioma: podemos até saber o significado das palavras estrangeiras e as regras de uso, mas precisaremos estar inseridos em contextos reais no uso desse idioma para aprimorar nosso desempenho.

Considerando-se os pontos abordados anteriormente, é importante frisar alguns aspectos da linguagem oral, ou seja, da fala. Sabemos que ela não é a única forma de linguagem e que a linguagem oral é, em determinados momentos, mais básica do que a escrita. Uma das explicações do porquê de a linguagem falada ser mais básica do que a escrita é no sentido de prioridade histórica, por exemplo, pois, durante muito tempo, as sociedades não dispunham da escrita (Lyons, 2013, p. 10).

Outro aspecto importante da linguagem oral que devemos destacar é o sotaque, o qual não traz nenhuma implicação a não ser a construção cultural em razão da pronúncia e da sonoridade das palavras. Indivíduos podem falar o mesmo idioma, viver em regiões diferentes de um mesmo país (por exemplo, um mineiro e um gaúcho) e pronunciar palavras de formas diferentes, por diversos fatores culturais e sociais. Porém, eles serão, muito possivelmente, identificados, quando fora de suas regiões, pela fonética empregada em sua fala. Isso não diferencia o idioma, não impõe outras regras estruturais no falar, mas há uma distinção que os destaca (Lyons, 2013, p. 19).

Dessa forma, você pode concluir que o uso da linguagem depende de diversas estruturas, condições, interações sociais e culturais, atendendo a inúmeras demandas e, assim, assumindo várias definições. Sua complexidade e evolução permeiam diversos períodos e sociedades, cada uma com suas particularidades e usos, cumprindo exigências específicas para cada uso da linguagem, seja escrita, seja oral. Trata-se de um dos principais códigos que possibilitam a interação entre os indivíduos, permitindo a comunicação e a troca de conhecimentos e informações.

5.2
Socialização, aprendizagem e o processo da adaptação

Quando se fala em aprender, é bem possível que se pense em entender, compreender, analisar algo. Pode ser um novo idioma, uma atividade motora, um comportamento motor, novas amizades, novas redes de socialização ou mesmo controle e regulação de processos emocionais, entre outros. Quando se faz referência a uma aprendizagem relacionada à linguagem e às emoções, é preciso levar em consideração a organização gramatical da língua, mas não apenas isso, uma vez que cada signo vem carregado de aspectos culturais, histórias e vivências, por exemplo. No processo de alfabetização o indivíduo aprende a decodificar sinais e transformá-los em sons, por meio da leitura e da escrita. Porém, no processo do aprender, isso vai além, em razão das condições em que o indivíduo está inserido socialmente.

Com essa aprendizagem, aprende-se a separar em sílabas, a construir palavras, a ler, a escrever, até que se conclua a alfabetização. No entanto, cabe uma importante reflexão: Será que toda pessoa alfabetizada tem o entendimento acerca do que fazer com as palavras e os textos que lê ou apenas decodifica, sem atribuir sentido a esses objetos de leitura?

Se uma pessoa alfabetizada aprende letras e palavras isoladas, mas não tem o entendimento daquilo que lê, podemos dizer que ela é alfabetizada, mas, possivelmente, iletrada, pois é necessário que a aprendizagem tenha uma função socializadora (Lotsch, 2016, p. 43).

Portanto é necessário entender o que é letramento. Diversas teorias da aprendizagem relacionadas à linguagem escrita e à leitura procuram esclarecer como se define habilidade de codificar e decodificar caracteres e qual é o mecanismo de funcionamento desse sistema, em um contexto social de modo geral. O conceito de alfabetização refere-se à decodificação de signos, e o letramento diz respeito a uma função social, relacionada às dimensões social, familiar, cultural e econômica, mesmo que o indivíduo não seja alfabetizado. Objetivamente, o letramento é definido como alfabetização funcional. Essa descrição está embasada no fato de que a decodificação amplia-se para a interação social. Quando um indivíduo consegue identificar sinais gráficos, mas não consegue compreender sua funcionalidade, ele é considerado um analfabeto funcional (Lotsch, 2016, p. 44).

No início da alfabetização, quando uma criança aprender a ler e a escrever, essa nova atividade acarretará uma transformação. Há uma maturação de estruturas biológicas de memória e de linguagem, ocorrem mudanças de conceitos e esquemas no desenvolvimento do leitor. Cabe ao educador apresentar os mais diversos gêneros textuais e, com isso, possibilitar que o alfabetizado se torne também um letrado. É essencial ao profissional da educação preocupar-se também em desenvolver métodos de interpretação textual, compreensão leitora e uma variabilidade de ferramentas para estimular o aluno leitor, que, muitas vezes, lê, mas não entende o que lê (Lotsch, 2016, p. 45).

5.3
Linguagem e interação social no processo do aprender

De acordo com Eysenck e Keane (2017, p. 345), a vida humana seria extremamente limitada sem a utilização da linguagem, pois é por meio dela que ocorrem as interações sociais. Nos dias atuais, temos mais facilidade no acesso às informações do que na Antiguidade, uma vez que a transmissão de informações ocorre por um meio tecnológico e a internet contribuiu muito para a interação social.

Quando abordamos o que é a linguagem, destacamos sua importância para os seres humanos. Como vimos, a linguagem não diz respeito apenas à decodificação de símbolos. Tanto é assim que há autores que enumeram uma grande variabilidade de funções, como construção de pensamentos, registro de informações, expressão das emoções, identificação com grupos, entre outras questões mais.

Para aprofundar nossa abordagem anterior sobre a linguagem, vemos a necessidade de perguntar neste momento: Por que a linguagem é peculiar aos seres humanos? Qual é o motivo de animais como o chimpanzé, o bonobo e o gorila, por exemplo, não conseguirem desenvolver a linguagem assim como os seres humanos? Uma criança, por volta dos 6 anos de idade, apresenta um vocabulário de, aproximadamente, 2.600 palavras, com uma compreensão de mais de 20 mil (Malloy-Diniz et al., 2010, p. 223). Em uma pesquisa feita com macacos primatas superiores, foi feito um acompanhamento de um bonobo fêmea durante 14 anos, em relação à aprendizagem da linguagem por meio de símbolos que permitem a construção de frases como "Por favor, posso tomar um café?". Outro ponto a ser comentado é que essa fêmea bonobo tinha capacidade também de se referir ao passado e produzir respostas sobre intenções futuras, isso até mesmo com mais habilidade do que crianças pequenas. O mais interessante é que isso era feito diversas vezes com espontaneidade. Então, qual é a diferença em relação aos seres humanos, com base nesse exemplo, uma vez que há capacidade espontânea de aprender a linguagem?

Durante o acompanhamento dessa fêmea bonobo, percebeu-se que a construção de frases ocorria de forma simples e não havia uma grande quantidade de novas frases, bem como existia uma mínima compreensão em relação à gramática. Com base nessa pesquisa, considera-se que a linguagem humana é peculiar e difícil de ser desenvolvida pelos demais animais em virtude da maturação biológica cerebral das áreas da linguagem, da criatividade, da memória, entre outras funções cognitivas (Eysenck; Keane, 2017, p. 345-346).

5.4 Fases da vida e o desenvolvimento da linguagem

O desenvolvimento da linguagem ocorre de maneira complexa e singular; são diversas rotas para a aprendizagem, e cada ser humano se desenvolve de uma forma particular. Entre os vários usos que a linguagem possibilita estão a leitura e a escrita. De acordo com Morais (2017, p. 10), o dinamismo que compõe esse sistema resulta da colaboração de vários fatores, entre eles fatores socioculturais, afetivos e pedagógicos, por exemplo.

Segundo Cunha, Silva e Capellini (2012, p. 799-807), a leitura e a compreensão de leitura exigem funções cognitivas e linguísticas. As habilidades exercidas pelo leitor não ficam apenas nos grafemas e na identificação de letras e caracteres, mas no processo fonológico. O falar e o ouvir auxiliam muito na construção da linguagem, seja formal, seja não formal. Outro aspecto cognitivo importante é o léxico mental, o responsável pelo armazenamento de informação. Embora, no decorrer da infância, essas informações lexicais sejam incompletas e não haja uma compreensão, o passo a passo da aprendizagem contribui com outras funções cognitivas para a ampliação de vocabulário e o aprimoramento linguístico da criança (Cavalheiro; Santos; Martinez, 2010, p. 1009-1016). Os processos de leitura, seja de textos curtos, seja de textos longos, na sua produção ou compreensão, subsistem na forma de uma leitura coerente e concreta.

Dessa forma, caso uma criança apenas leia, sem uma compreensão coerente, mais ou menos densa, não há como interpretar o texto em sua ideia geral. A coerência é a responsável pelo sentido e a compreensibilidade do texto, sendo possível, assim, entender que a importância da estruturação daquele que recebe o texto corresponde ao nível de conhecimento que este pode absorver e compreender sobre qualquer assunto inserido em seu contexto. Devemos considerar que a criança desenvolve suas funções cognitivas por meio de sua relação com eventos em torno de si; nesse sentido, a linguagem tem papel fundamental para que as crianças cheguem à percepção e à compreensão de mundo.

De acordo com Gazzaniga, Heatherton e Halpern (2018, p. 329-337), a linguagem humana apresenta uma particularidade de sistemas integrados (emoção, cognição e social) por meio de uma aprendizagem complexa e progressiva que nos diferencia das demais espécies. São diversos idiomas que possibilitam conversar, ler e escrever, de modo que isso torne a comunicação viável. Você sabe como esse sistema todo integrado se desenvolve? Em alguns contextos, ocorre a sistematização de signos, grafemas, fonemas e símbolos em geral, que direcionam a um caminho formal, porém existem condições e aspectos do processo de desenvolvimento infantil que não dependem dessa maneira formal de aprendizagem. Assim, é pelo exercício de observação e estimulação que a criança consegue aprimorar seu processo de aprender a falar, por exemplo.

A linguagem está estritamente relacionada com os processos cognitivos, havendo uma relação entre o processo do pensar e o desenvolvimento da linguagem, como atenção, memória, percepção e outros processos cognitivos que auxiliam na consolidação de diversos outros processos, tanto da fala quanto da escrita e da leitura. À medida que ocorre o amadurecimento neurofisiológico e neuroanatômico do cérebro, ele também aprimora capacidades linguísticas (Gazzaniga; Heatherton, Halpern, 2018, p. 329).

Os processos de linguagem, memória e movimento são de extrema complexidade em seu funcionamento e em sua relação com outras funções cognitivas e estruturas do sistema nervoso. Como exemplo, podemos citar que o entendimento da inter-relação cortical entre os hemisférios cerebrais e de como estes estão distribuídos teve seu principal apoio nos estudos de afasia. O desenvolvimento do sistema de linguagem está ligado a diversas funções organizadas de forma estrutural, tanto no que diz respeito à sua expressão quanto no que se refere à sua recepção. Esse sistema de linguagem, anatomicamente, pode ser descrito por meio do envolvimento de inúmeras estruturas do sistema nervoso em nível cortical, como o giro frontal inferior no hemisfério cerebral esquerdo, conhecido como *área de Broca*, que é responsável pela linguagem expressiva, que, por sua vez, também tem um papel importante no processamento fonológico e semântico; a linguagem receptiva está ligada ao giro temporal superior, conhecida como *área de Wernicke*.

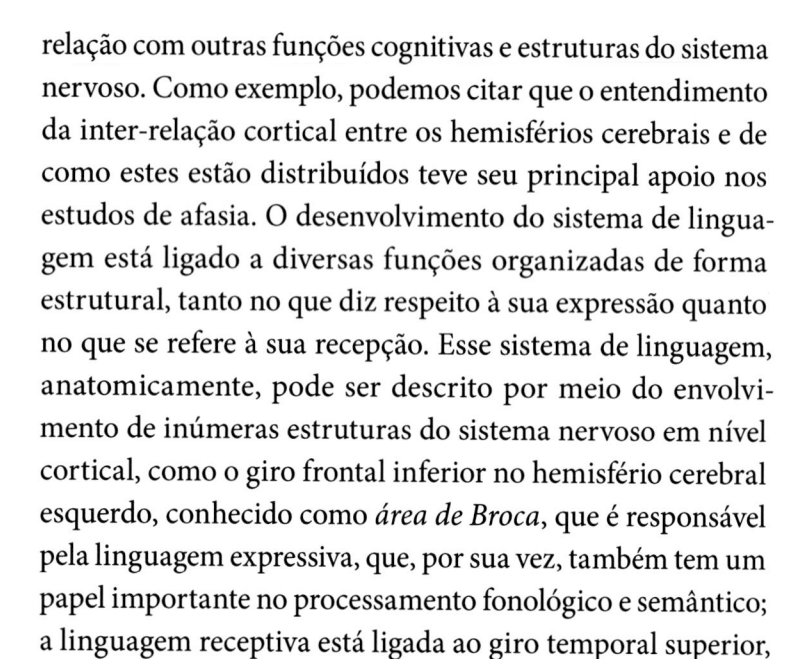

Essas são algumas áreas responsáveis por esse sistema, mas não são as únicas. Por exemplo, quando lemos um texto, existe ativação das estruturas cerebrais do lobo frontal com o giro frontal inferior, o lobo temporal com o giro temporal superior, os lobos occipital e parietal e o cerebelo. Com base nisso, é possível compreender o quão complexo é o sistema de linguagem dos seres humanos, que envolve um circuito integrado de estruturas do sistema nervoso. Porém, não podemos apenas considerar a parte neuroanatômica e neurofisiológica da linguagem, pois, como mencionamos em parágrafos anteriores, esse processamento envolve uma construção biopsicossocial, isto é, envolve anatomia, emoções, cognição e o social (Kandel et al., 2014, p. 938-940; Salles; Rodrigues, 2014).

A relação com a memória é tão forte que, entre 5 e 8 anos de idade, as crianças potencializam uma capacidade de colocar as lembranças em palavras, mantê-las em seus pensamentos e conseguir resgatá-las. Nessa fase, têm início a operacionalização e o processamento das informações de forma mais rápida e eficiente; com isso, aumenta, significativamente, a efetividade da memória de trabalho, que exige a atenção concentrada, a seletiva e a alternada (Malloy-Diniz et al., 2010).

Quando se trata de processos cognitivos tão complexos quanto linguagem, memória, motricidade voluntária e automatizada, não há funcionalidade apenas em âmbito estrutural, mas o uso de diversas outras capacidades, como vocabulário, memória, inteligência espacial, inteligência não verbal, processos automáticos, controlados, entre outros. A memória de trabalho, por exemplo, é essencial no desenvolvimento da linguagem. Recorremos a ela durante uma conversa banal ou quando memorizamos um número de telefone até efetuarmos a ligação. Nesses casos, as informações recebidas são armazenadas por segundos ou poucos minutos e, posteriormente, não serão "arquivadas", pois apenas serviram de apoio para aquele momento de interação.

Também é possível citar um exemplo da ativação da memória com o movimento, como andar de bicicleta, dirigir um automóvel, digitar um texto. Esses movimentos são aprendidos com uma demanda controlada, com atenção concentrada, com equívocos conscientes mais frequentes, mas, após uma prática contínua, a atenção passa a ser possivelmente alternada e os erros se tornam não conscientes, passando a ser lapsos.

A memória de trabalho está fortemente ligada à linguagem, ao vocabulário e, em muitos casos, aos números. Por exemplo, vamos considerar uma avaliação psicológica ou teste de memória em que é exigida a memorização de uma sequência de números. Indivíduos sadios, provavelmente, conseguirão se lembrar de sete a oito algarismos; já indivíduos com Alzheimer, em estado avançado, conseguirão se lembrar de apenas um ou dois, no máximo, em virtude da deterioração cerebral e do avanço da idade, o que mostra como esses dois processos – linguagem e memória de trabalho – são importantes para a cognição humana (Izquierdo, 2018, p. 44-46).

Quando se trata de memória de trabalho e linguagem em idosos, por exemplo, há um universo ainda muito pouco explorado em pesquisas. O processo do envelhecimento tem início quando indivíduos adultos entram em uma fase de maior vulnerabilidade biopsicossocial, em que todos os seus sistemas tornam-se mais especializados e menos aptos a mudanças abruptas. Essa fase apresenta uma diminuição na velocidade de processamento de pensamento que envolve linguagem e memória, atenção, percepção, consciência. Com uma baixa entre essas funções cognitivas, outras capacidades são afetadas, o que ocasiona dificuldade na eficiência tanto na evocação de informações armazenadas quanto na velocidade de raciocínio.

O funcionamento cognitivo é impactado de tal forma pelo envelhecimento que os sistemas envolvidos apresentam inadequações para a execução de funções cognitivas, como memória e linguagem. Em alguns casos, o sistema reparatório não mostra capacidade para correção de casos nocivos e danosos ao idoso. Assim, um estudo tanto transversal, entre adultos e idosos, como longitudinal[1], no que se refere à comparação entre os idosos e o tempo de longevidade, seria de extrema relevância para prevenção e cuidados no que diz respeito aos impactos do envelhecimento na capacidade cognitiva.

5.5
Dificuldades na socialização e sua relação com as emoções

Em todos os contextos, existem pessoas com problemas nos relacionamentos interpessoais, seja no trabalho, seja na escola, seja na família. Alguns têm dificuldades em falar com pessoas que são novas no dia a dia, por exemplo, quando são admitidas em um novo emprego, uma nova rotina e atividades que outrora não eram desempenhadas. Caso esse indivíduo seja introvertido, toda e qualquer nova relação pode dificultar as interações, porém isso não quer dizer que seja impossível criar vínculos. Nesse processo, também estão inseridas diversas emoções, como a alegria de um novo emprego e novas atividades, a ansiedade para o começo, a expectativa para saber se vai dar certo ou não, isso associado ao medo em relação ao enfrentamento de um novo contexto.

• • • • •
1 Um estudo transversal baseia-se em mensurações em um momento único, com a utilização de uma ou mais variáveis; um estudo longitudinal visa analisar as variações das amostras pesquisadas.

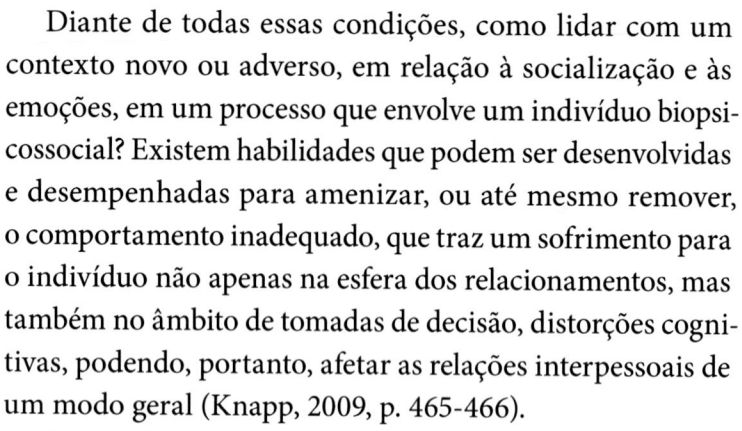

Diante de todas essas condições, como lidar com um contexto novo ou adverso, em relação à socialização e às emoções, em um processo que envolve um indivíduo biopsicossocial? Existem habilidades que podem ser desenvolvidas e desempenhadas para amenizar, ou até mesmo remover, o comportamento inadequado, que traz um sofrimento para o indivíduo não apenas na esfera dos relacionamentos, mas também no âmbito de tomadas de decisão, distorções cognitivas, podendo, portanto, afetar as relações interpessoais de um modo geral (Knapp, 2009, p. 465-466).

De acordo com Knapp (2009, p. 466), para que um indivíduo possa manter bom relacionamento interpessoal e o equilíbrio de suas funções emocionais, é necessário que o foco recaia no desenvolvimento de habilidades para conduzir essas condições, e não especificamente no problema pessoal criado pela situação inadequada.

O indivíduo apresenta inúmeros problemas quando há dificuldades de nível emocional no viés social. Por esse motivo, o objetivo deve ser trabalhar todas as condições possíveis envolvidas para que, além de reduzir ou remover o sintoma que traz o sofrimento, as capacidades que existem em relação à habilidade social sejam potencializadas a fim de que possam ser promovidas uma condição saudável e uma melhora na qualidade de vida.

A dificuldade em relação ao comportamento social e que se deve a uma certa inabilidade, muitas vezes, está ligada a funções que são consideradas executivas e que envolvem uma condição decisória, linguagem, capacidade mnemônica operacional, velocidade de processamento e planejamento. Esses mecanismos de ordem cognitiva são ligados à capacidade emocional na maioria das vezes, o que leva a associar um determinado evento a experiências anteriores, como no caso de uma vivência desastrosa em um primeiro contato com um líder organizacional, que pode vir à memória e bloquear alguns comportamentos. Todo esse processo teve o envolvimento de funções emocionais e cognitivas que afetaram o comportamento e dificultaram a resolução de um problema de relacionamento interpessoal. Funções de ordem executiva podem ser trabalhadas e possibilitar o gerenciamento de emoções ativadas inadequadamente. Por exemplo, uma vivência com um nível excessivo de ansiedade não gerenciada de forma correta pode trazer um impacto na experiência em um novo contexto na empresa. Dessa forma, o treino de habilidades sociais que envolvem a relação entre cognição e emoção é fundamental quando diversos problemas devem ser resolvidos para uma melhora da qualidade de vida no dia a dia do indivíduo, em âmbito geral (Rueda; Paz-Alonso, 2013, p. 2-3).

Síntese

Neste capítulo, vimos que a linguagem tem papel fundamental nos processos de interação e adaptação social. O ser humano, ao se relacionar, faz uso dessa ferramenta para expressar emoções e aprender, o que influencia seu desenvolvimento como um todo. Quando falamos em aprender, devemos considerar que há diversas condições envolvidas, entre elas o comportamento social, a adaptação social diante de relacionamentos interpessoais e a expressão de emoções e pensamentos construídos com o decorrer dos anos e das vivências.

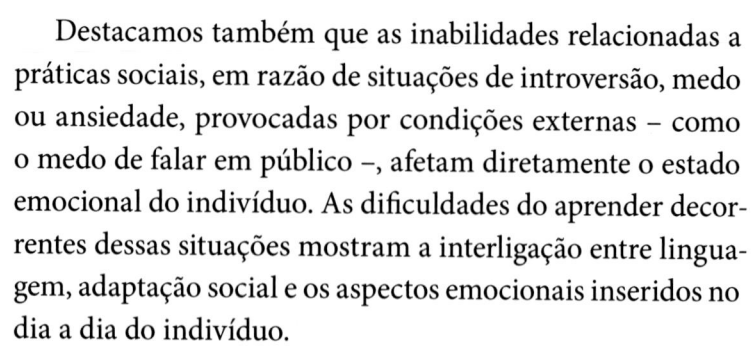

Destacamos também que as inabilidades relacionadas a práticas sociais, em razão de situações de introversão, medo ou ansiedade, provocadas por condições externas – como o medo de falar em público –, afetam diretamente o estado emocional do indivíduo. As dificuldades do aprender decorrentes dessas situações mostram a interligação entre linguagem, adaptação social e os aspectos emocionais inseridos no dia a dia do indivíduo.

Dessa forma, compreender a relação entre as estruturas cerebrais, os processos de linguagem e as funções cognitivas permitem fazer uma análise aprofundada dos indivíduos em diversos contextos sociais. Ter esse conhecimento é de suma importância, bem como compreender que não se trata de sistemas cristalizados ou estáticos, mas de um conjunto de mecanismos fluidos e funcionais.

Atividades de autoavaliação

1. De acordo com Lyons (2013, p. 3), a linguagem apresenta uma especialização e uma relação direta com outras funções de ordem cognitiva e comportamental. Assinale a alternativa que indica corretamente a definição de linguagem, segundo Lyons (2013, p. 3):
    a) Conjunto de ações que expressam ideias, mas que não estão ligadas às emoções e são diretamente instintivas.
    b) Conjunto sistematizado que corresponde à interação entre ideias, emoções e pensamentos e que ocorre de forma racional.

c) Sistema integrador cujo principal objetivo é expressar ideias e efetuar comportamentos que não têm relação com as capacidades emocionais.

d) Toda e qualquer organização relativa à linguagem ocorre de maneira racional, porém isso não tem relação com pensamentos e ideias.

e) A sistematização das emoções tem ligação intrínseca com o comportamento humano, e isso é desenvolvido de forma irracional.

2. O processo de alfabetização precisa ser conduzido de modo que tenha aplicação prática; dessa forma, o indivíduo consegue inserir essa aprendizagem em seu dia a dia. Assim, a aplicação funcional da alfabetização pode ser considerada como:
   a) alfabetização objetiva.
   b) letramento.
   c) linguagem expressiva.
   d) alfabetização fonológica.
   e) letramento receptivo.

3. A linguagem humana pode ser considerada de alta complexidade e extremamente importante para a ativação funcional e social no que diz respeito ao processo do aprender. Dessa forma, é possível afirmar:
   a) O processo de linguagem humana, apesar de complexo, pode ser atingido por quaisquer outros animais, e isso depende apenas de estimulação.
   b) A linguagem humana apresenta características simples e que podem ser atingidas por outros animais sem nenhuma complexidade.

c) O difícil alcance por parte de outros animais em relação à linguagem humana ocorre em razão da maturação biológica dos seres humanos e das funções de memória, cognição e raciocínio.
d) O processo do aprender é acessível para todos os animais, razão pela qual é possível que primatas consigam atingir o mesmo nível de complexidade que seres humanos.
e) A linguagem humana é adaptativa para todos os seres vivos, basta apenas condicioná-los para chegarem ao desenvolvimento dessa capacidade.

4. Com relação ao viés biológico, neuroanatômico e neurofisiológico da linguagem, é correto afirmar:
a) As capacidades de linguagem são independentes e uma maturação neurofisiológica, que não afeta outros processos cognitivos.
b) Os processos de linguagem desenvolvem-se de acordo com a maturação das estruturas neuroanatômicas e o funcionamento neurofisiológico.
c) A linguagem não tem relação com o processo biológico, mas apenas com a vertente cultural.
d) A maturação biológica não exige mudança e aprimoramento das funções linguísticas, mas há uma relação com os processos cognitivos.
e) Os processos cognitivos precisam de uma construção maturacional junto com as emoções e o comportamento motor, de forma interdependente; por esse motivo, as capacidades linguísticas podem ser aprimoradas.

5. O bom funcionamento da linguagem no processo de socialização destaca-se em razão de aspectos que envolvem pensamento, emoções e comportamento. Diante dessa afirmação, assinale a alternativa correta:
a) A busca pelo equilíbrio das capacidades cognitivas, sociais e emocionais proporciona o trabalho voltado à superação das inabilidades do indivíduo e, assim, propicia a melhora no relacionamento interpessoal.
b) Apesar do trabalho voltado às capacidades de socialização, as emoções não são ligadas à linguagem quando se trata de processamento de linguagem.
c) A linguagem tem papel importante no aspecto social, mas não há como relacioná-la aos aspectos emocionais.
d) Toda e qualquer aprendizagem que envolva a característica de linguagem não se restringe apenas à cognição, mas essa condição não se aplica ao relacionamento interpessoal dos indivíduos.
e) Os aspectos sociais são importantes para a construção da linguagem, e todo e qualquer ser humano pode desenvolver linguagem complexa (humanizada) e comunicação, mesmo sem maturação biológica e sem contato com outros seres humanos.

Atividades de aprendizagem

Questões para reflexão

1. Quando o assunto é relacionado à linguagem, em um viés biológico, o que interessa são os processos de maturação das estruturas envolvidas, certo? Não, a linguagem abrange um conjunto sistematizado de fatores, o que inclui interação social e estimulação em relação ao processo do aprender. Dessa forma, quais são os principais aspectos que contribuem para a formação da língua formal e do letramento? Busque um aprofundamento nos estudos sobre linguagem em vários contextos que dialoguem com as neurociências, em fontes de dados como periódicos e *sites* especializados no tema. Elabore uma síntese dos conteúdos pesquisados para aprofundar seu conhecimento sobre o tema.

2. As emoções estão inseridas em todos os contextos de linguagem, e cada expressão humana que envolva esse aspecto traz uma carga emotiva muito peculiar. Então, que relação existe entre o emocionar-se e a construção da linguagem? Quais são os meios que colaboram para essa formação? Nos dias atuais, há inúmeros materiais para pesquisar sobre emoções e suas mais variadas expressões no dia a dia, como filmes, músicas e séries, reportagens. Pesquise quais foram os primeiros trabalhos de investigação sobre os dois construtos (linguagem e emoção) e como foram mapeados para estudo. Após sua pesquisa, responda: Como foram identificadas as emoções e qual é sua relação com o desenvolvimento da aprendizagem e da linguagem na trajetória da espécie humana?

Atividade aplicada: prática

1. Por meio de um quadro explicativo, crie colunas inserindo e nomeando emoções e descreva qual a relação delas com o processo do aprender na linguagem e as relações sociais do indivíduo. Depois, compare as anotações à luz da teoria estudada neste capítulo.

6
Emoção, razão e tomada de decisão na aprendizagem

A relação entre o processamento cognitivo e as emoções é evidente, podendo ocorrer de forma direta ou indireta. O que isso quer dizer? Podemos considerar, por exemplo, uma tomada de decisão, que pode ser determinada por uma condição emocional de alegria, tristeza ou raiva. Um indivíduo pode aplicar seu poder decisório em um evento estressante e gerar um impacto muito grande ao decidir de forma inadequada. O contexto social também influencia nesse processo, pois as vivências trazem experiências e maturidade para que capacidades emotivas sejam desenvolvidas.

O ato do aprender está relacionado à emoção e à razão e acontece em um fluxo contínuo, ou seja, está inserido sempre no dia a dia do aprendiz, por isso todo o contexto deve ser considerado. Dessa forma, diversas perguntas podem surgir, como: Uma perda familiar afeta o aprender? Uma tomada de decisão inadequada tem relação com o estado emocional do indivíduo? Neste capítulo, vamos abordar a interdependência desses processos psicológicos – uma vez que são de interesse dos profissionais envolvidos nas áreas de educação e saúde –, bem como a compreensão das diversas metodologias para análise e acompanhamento do indivíduo nesse âmbito.

6.1
Teorias da tomada de decisão

De acordo com Damásio (2012, p. 157-158), a finalidade do raciocínio é a decisão, que deve caracterizar-se como uma resposta adequada, seja não verbal, seja verbal. O autor também menciona a disposição de estratégias lógicas para tomada de decisão que produzem deduções básicas para apoio na questão de raciocínio. Para esses casos de tomada de decisão, utilizamos funções executivas, como planejamento, atenção e percepção, antes de chegarmos a qualquer tipo de decisão.

Damásio, em seu livro *O erro de Descartes* (2012, p. 157-158), menciona o caso de um operário estadunidense chamado Phineas Gage, que tinha emprego, família e outros planejamentos sob controle, porém, em um dado momento de sua vida, sofreu um acidente de trabalho: uma barra de ferro entrou em seu crânio e arrancou parte de seus lobos frontais, mais especificamente no hemisfério esquerdo.

O caso foi acompanhado pelo doutor John Harlow, que, com base em inúmeras análises, pôde chegar às hipóteses sobre a função dos lobos frontais. Essas hipóteses, mais tarde, puderam ser confirmadas por meio de estudos aprofundados sobre as estruturas cerebrais que envolvem as regiões frontais do cérebro humano. O caso foi analisado, a princípio, somente por meio de deduções, pois o acidente havia alterado totalmente o comportamento de Gage, isto é, após o acidente, ele não tinha mais controle sobre suas ações e seus planejamentos como antes do ocorrido. Depois de 13 anos do acidente, Gage faleceu e, somente após sua morte, o doutor Harlow, "de forma macabra", como cita Damásio, pôde exumar o crânio de Gage, com autorização da irmã dele. A exumação do crânio possibilitou intensificar os estudos na área, que contribuíram muito para a neurologia e a neurociência de modo geral, por meio da comprovação das hipóteses das funções dos lobos frontais. Essa breve menção ao caso de Gage pode ser relacionada às questões referentes à tomada de decisão e às funções dos lobos frontais.

De acordo com Schneider e Parente (2006, p. 442-450), a tomada de decisão pode ser considerada uma função cognitiva que o indivíduo busca para satisfazer sua interação no meio social. As autoras explicam que considerar cada situação em suas peculiaridades, analisando-a continuamente em relação ao presente e a seu impacto no futuro, contribui para o desenvolvimento da capacidade de encontrar soluções no cotidiano com mais flexibilidade.

A tomada de decisão é definida como uma função complexa que sempre exige uma atenção especial às escolhas e que demanda análise das consequências futuras atreladas a essas escolhas. Bakos, Parente e Bertgnolli (2010, p. 162-173) colocam em questão a análise quanto à tomada de decisão elaborada por Damásio, que define todo esse processo em três fases: **conhecimento da situação** que vai exigir a tomada de decisão; as **diferentes possibilidades de ação**; e, por último, as **consequências de cada ação**.

Considerando esse processo, as autoras apresentam um modelo teórico desenvolvido por Damásio, intitulado **hipótese do marcador somático**. Os estudos embasados nesse modelo possibilitaram analisar concepções que sinalizam fatores emocionais na atribuição de valor em opções e cenários que podem influenciar e induzir a tomada de decisão.

Os marcadores somáticos são inseridos no indivíduo antes de qualquer racionalização que vise à resolução do problema. Por isso, o que antecede e é precursor à tomada de decisão são as alterações corporais, que, segundo as autoras, são automáticas. As autoras usam como exemplo um mau resultado que chega à mente; automaticamente, isso gera uma sensação desagradável. Em seguida, o marcador somático provoca o direcionamento da atenção ao resultado negativo, que, consequentemente, acarreta a ativação de um alarme automático. Com essa ativação, o sujeito poderá rejeitar, imediatamente, a negatividade e ter a opção de menos alternativas à sua escolha.

Ainda segundo as autoras, a respeito do marcador somático elaborado por Damásio, a tomada de decisão segue duas rotas: a primeira, identificada na Figura 6.1 com a letra A, é caracterizada pelo exame das opções, correspondentes a estratégias racionais para antecipar resultados futuros. A segunda, identificada na Figura 6.1 com a letra B, na mesma linha de processo, porém paralela à primeira, induz à ativação de experiências emocionais anteriores em contextos semelhantes.

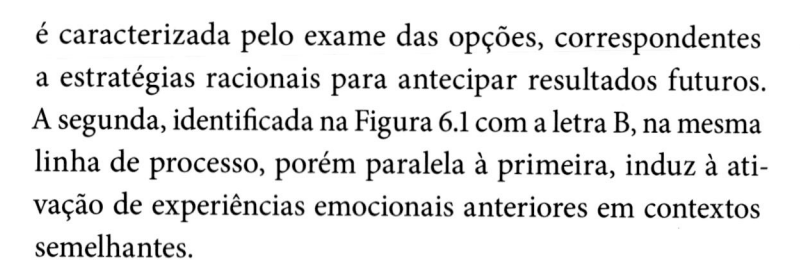

Figura 6.1 – Esquema do modelo do processo de tomada de decisão com base na hipótese do marcador somático

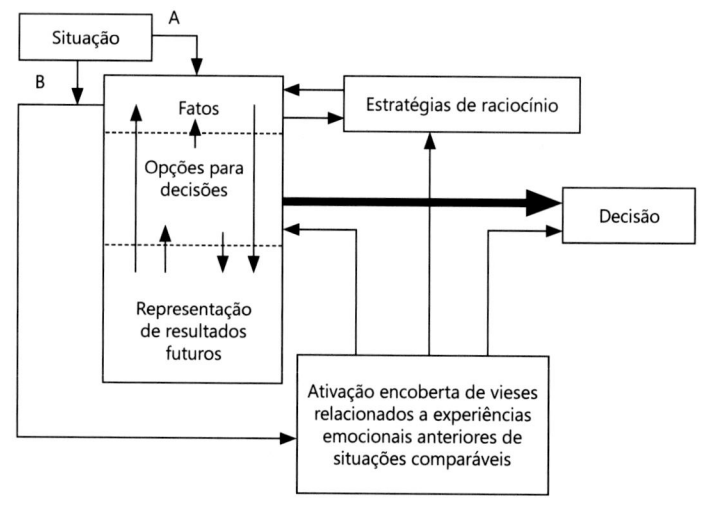

Fonte: Bechara, 2003, p. 23.

Conforme Sternberg (2000), os modelos da teoria clássica da tomada de decisão foram elaborados com uma visão econômica, já que os responsáveis pelo seu desenvolvimento estavam envolvidos com a área das ciências exatas. Outrossim, havia a perspectiva de analisar o comportamento humano de uma forma matemática.

A teoria clássica destaca um modelo de tomada de decisão intitulado *Homo economicus*, que apresenta três princípios importantes. Em primeiro lugar, quem toma uma decisão tem todas as possíveis opções consequentemente, tem ciência dos resultados delas. Em segundo, destaca-se a sutilidade nas diferenças entre as opções disponíveis para a decisão a ser tomada. O terceiro princípio é a racionalidade em relação às escolhas. Dessa forma, é possível considerar essa elaboração como uma consequente construção racional e sensível. Portanto, o indivíduo, antes de tomar qualquer decisão, deve pensar bem, analisar todas as formas possíveis para chegar a uma conclusão e, nesse decorrer, ter a sensibilidade para distinguir entre as opções, por mais semelhantes que sejam. Por meio da racionalização, será possível fazer a escolha e chegar à opção de melhor valor.

Lousada e Valentim (2011, p. 147-164), para a descrição de como ocorrem as decisões, propõem outros modelos de tomada de decisão que envolvem componentes emocionais, cognitivos, ambientais, classificatórios, organizadores, entre outros. Esses modelos são detalhadamente descritos pelos autores, de acordo com inúmeras especificidades. São eles: modelo racional de tomada de decisão, modelo processual, modelo anárquico e modelo político. O modelo racional de tomada de decisão, que corresponde ao formato mais estruturado para a tomada de decisão, será utilizado para uma breve explanação.

O modelo racional é caracterizado como mais sistematizado e estruturado do que outros modelos, ou seja, para atingir um bom resultado, é necessário que sejam seguidas condições padronizadas ou preestabelecidas por regras. Esse modelo é implantado em organizações e sistemas fechados em razão da formalidade e das diretrizes determinadas por um conjunto de regras. Por meio desse modelo, buscam-se soluções de problemas mediante rotinas e procedimentos, o que, segundo as autoras, é intencionalmente racional. Nesse modelo racional de tomada de decisão, usam-se questões que são definidas por Lousada e Valentim (2011, p. 149): "São chamadas de questões-chave, sendo estas: qual é o problema?; quais as alternativas?; quais os custos e vantagens de cada alternativa?; e o que deve ser observado como padrão para tomar decisões em situações similares?".

Após todo esse processo sistematizado, a finalização ainda não ocorre com a decisão tomada, pois há um monitoramento contínuo para avaliação e acompanhamento dos pontos positivos e negativos resultantes.

O efeito de configuração na tomada de decisão, conforme Tonetto, Brust-Renck e Stein (2010, p. 776-779), visibiliza um julgamento que se caracteriza por avaliação de opções existentes, entre duas ou mais. Entretanto, a tomada de decisão refere-se à escolha efetuada entre essas alternativas disponibilizadas. Tversky e Kahneman, citados por Tonetto, Brust-Renck e Stein (2010), por sua vez, identificam dois tipos de tomada de decisão: a decisão de risco, na qual se pode associar a probabilidade aos resultados, e a tomada de decisão de incerteza, que se refere a situações em que o sujeito não tem conhecimento dos possíveis resultados. Os autores Tversky e Kahneman mencionam os seguintes exemplos: uma cirurgia de alto risco e a incerteza sobre o candidato no qual se deve votar na próxima eleição.

6.2
Estruturas biológicas da tomada de decisão

O processo de tomada de decisão relacionado a estruturas biológicas tem uma grande complexidade no sentido da compreensão de todo o circuito, independentemente de envolver emoções ou não, afetividade ou não. A atividade cerebral associada à tomada de decisão está ligada ao córtex pré-frontal, em duas situações: uma considerada "fria", pela ausência de resolução de problemas de ordem emocional, e a outra tida como "quente", por envolver resolução de problemas de estados afetivos e emocionais. Com relação às áreas cerebrais, a primeira situação mencionada envolve diversas estruturas, mas, em meio a uma decisão complexa de alto nível de exigência, a principal estrutura é uma área no córtex pré-frontal chamada *dorsolateral frontal*. Já, nas decisões que envolvem cargas emocionais, motivação e afetividade, a principal estrutura vinculada ao sistema límbico é chamada *orbitofrontal* (Vasconcellos, 2008, p. 28-31). É importante ressaltar que parte desse processo foi mencionado na Seção 3.1 desta obra (Capítulo 3) e será retomada quando tratarmos das funções executivas relacionadas à tomada de decisão.

Outras funções cognitivas estão ligadas à tomada de decisão, como memória de trabalho, controle inibitório atenção concentrada, sendo parte de um conjunto de funções extremamente complexas conhecidas como *funções executivas*, como vimos no Capítulo 3. Além das estruturas do lobo frontal, há outras que compõem esse circuito; no caso das decisões consideradas na categoria "quente", há uma relação com o sistema límbico, responsável em maior escala pelas emoções, em razão da amígdala e outras áreas mais. Dessa forma, podemos perceber que, fisiologicamente e anatomicamente, tanto o funcionamento quanto a localização das estruturas cerebrais são interligados e, quanto mais são aprimoradas a capacidade e as habilidades, neste caso a tomada de decisão, mais essas estruturas e outras regiões do cérebro contribuem para um boa adaptação diante de situações de difícil tomada de decisão em qualquer contexto. A cada condição apresentada ou momento vivenciado, os recursos são diferentes e até mesmo as memórias acessadas para a organização das ideias serão diferentes ao se tomarem decisões.

De acordo com Rotta, Ohlweiler e Riesgo (2016, p. 396), além das estruturas do córtex frontal, já mencionadas em outros tópicos desta obra, há outras áreas importantes quando se trata de funções executivas como tomada de decisão. Segundo os autores, as estruturas do hipocampo e da amígdala desempenham atividades voltadas à ativação, regulação e evocação de memória e emoções; já as estruturas frontais do dorsolateral responsabilizam-se por funções executivas como classificação, organização e outras ações complexas; a região orbitofrontal tem grande ligação com o sistema límbico, responsável pelas emoções, abrangendo decisões em nível afetivo e interligado à emoção; e a última área citada pelos autores em relação à tomada de decisão é o frontomedial, que tem por responsabilidade funções como atenção concentrada e decisões em geral; essa estrutura corresponde a uma parte do giro cingulado, localizado na parte da frente do cérebro.

Com isso, podemos concluir que, em nível biológico, há uma relevante ligação entre memórias, funções executivas e emoções, todas essas funções com grande contribuição para que o cérebro tenha um desenvolvimento sadio em relação à tomada de decisão.

Observe, agora, a Figura 6.2, que ilustra as regiões citadas anteriormente.

Figura 6.2 – Estruturas cerebrais envolvidas na funcionalidade da tomada de decisão

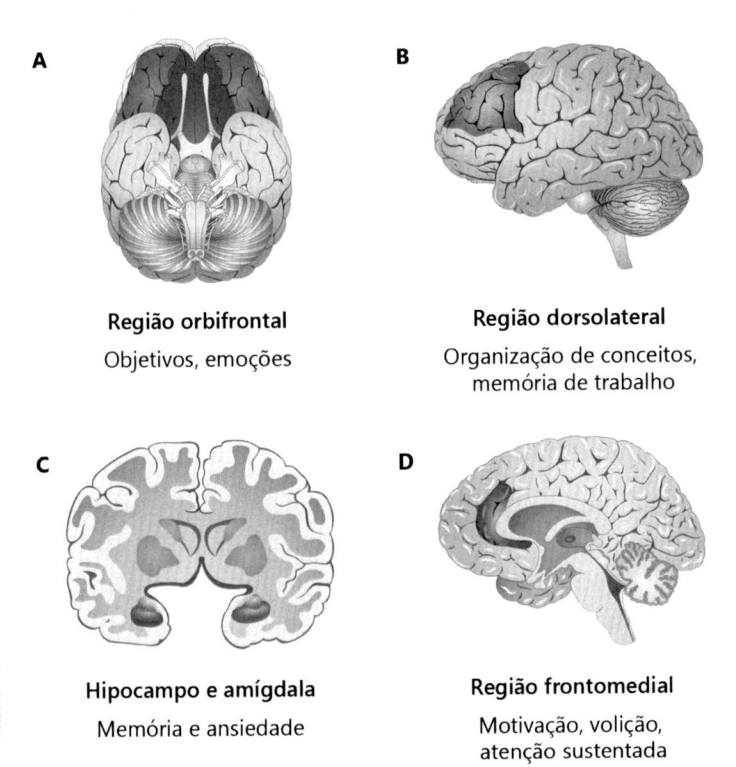

A

Região orbifrontal
Objetivos, emoções

B

Região dorsolateral
Organização de conceitos, memória de trabalho

C

Hipocampo e amígdala
Memória e ansiedade

D

Região frontomedial
Motivação, volição, atenção sustentada

Fonte: Rotta; Ohlweiler; Riesgo, 2016, p. 396.

6.3
Razão e emoção na aprendizagem

O processo ensino-aprendizagem ocorre de forma integradora e isso inclui não apenas o processo cognitivo, mas também uma interação conjunta de vários fatores: emocional, racional e social, por exemplo. Quando uma criança de 6 anos de idade ingressa no ensino regular, supomos que ela se depara com a chegada, pela primeira vez, a um novo ciclo social, que não envolve seus pais, cuidadores, irmãos, avós ou quaisquer pessoas de sua família. Essa criança é direcionada a uma sala com, mais ou menos, 20 crianças que ela jamais viu e que não estão ali para atividades como brincar de carrinho, boneca, blocos de montar ou quaisquer outras brincadeiras infantis. Entra no local um adulto que ela jamais viu ou conheceu antes, saúda a sala toda com um bom-dia e diz: "Abram seus cadernos e vamos aprender a escrever a letra A".

Apesar de sua capacidade cognitiva (que apresenta variações de criança para criança) dar condições e possibilidades de aprender essa nova atividade, não é apenas isso que permite o aprender. Lembre-se de que há todo um contexto que envolve novas amizades, novas relações interpessoais, um mundo novo a ser descoberto e um universo de emoções envolvidas. Há crianças que vão chorar e sentir medo na chegada ao âmbito escolar; existem crianças que vão enfrentar essa fase, "engolir" o choro, procurar novos amigos e lutar por seu espaço, enfim, há uma infinidade de possíveis situações. Portanto, não se trata apenas de capacidade cognitiva para o aprender, mas de uma ampla gama de situações que interferem na aquisição de conhecimentos (Naves et al., 2011, p. 39-50).

Pela situação descrita você pode compreender que a aprendizagem permeia uma via de inúmeros caminhos. Quais são esses caminhos? A descrição do caminho intitulado *razão*, ou capacidade de raciocinar, ou processo cognitivo, corresponde a diversas funções que organizam o pensamento e que possibilitam inúmeras atividades em relação ao aprender. Quando seres humanos tomam decisões, planejam, direcionam atenção concentrada no sentido de procurar algum erro ou acerto, selecionar um estímulo ou resolver uma tarefa, simples ou complexa, criar uma nova situação ou circunstância a ser vivenciada, essa capacidade envolve um alto nível de complexidade de atividade cerebral na maioria das vezes e integra diversas estruturas cerebrais, como o córtex pré-frontal, a amígdala e o córtex motor, quando se trata de uma decisão a ser executada junto com um movimento.

Essa capacidade inclui várias questões, desde a sensação (processo que envolve o funcionamento da recepção do estímulo físico), a percepção (interpretação do estímulo) até o processo cognitivo (classificação, organização e comando executado em resposta ao estímulo). Contudo, quando se trata desse processo de racionalização, há uma ligação não apenas com o fluxo neurofisiológico ou anatômico, mas também com o corpo de uma forma geral. Quando os seres humanos precisam tomar uma decisão, direcionar sua atenção concentrada a algo classificado como importante, planejar ou mudar de opção, armazenar e processar informações de alto grau de importância, como a senha de um banco, nomes e palavras para aplicar em uma determinada função de trabalho, existem alterações psicofisiológicas, ou seja, o corpo também reage a essas condições que envolvem processos cognitivos e racionais.

Dessa forma, um indivíduo que vai fazer uma avaliação e aplicar todo o conhecimento estudado durante dias, meses, ou até anos sofre algumas alterações no funcionamento biológico, como no sistema digestório, musculoesquelético e outros locais. Pode ser que essas alterações criem marcas negativas e anunciem situações de perigo, alto nível de concentração ou, até mesmo, evitem possíveis problemas. Essas marcas são consideradas por Damásio (2012, p. 73-78) como uma hipótese do marcador somático, como já mencionado em trechos anteriores, que nada mais é do que uma forma de atividade do corpo envolvendo o processo de racionalização e processos emocionais, que serão explicados logo a seguir.

Como abordamos anteriormente, durante muitos anos, a emoção foi considerada como separada da razão e defendida como um processo separado em seu funcionamento (Damásio, 2012, p. 6-13). Mas, como em diversos outros aspectos abordados nesta obra voltados ao funcionamento da mente humana, é importante entender que, sim, há uma ligação profunda entre emoção e razão. Por exemplo, a criança citada no início deste tópico tem de desenvolver uma grande capacidade de raciocínio, porém há emoções envolvidas, como medo, ansiedade, surpresa e outras que variam de criança para criança. No decorrer do ano escolar, essas emoções ficam mais intensas ou diminuem, de acordo com a forma de aprender de cada aluno. Alguns ficam temerosos na aula de língua portuguesa pelo motivo de não conseguirem se desenvolver no processo de alfabetização, o que poderia dificultar o aprender; outros, de acordo com suas formas peculiares na aprendizagem, poderiam se sair melhor na avaliação e na alfabetização por se alegrarem com a nova fase de internalizar o conhecimento aprendido.

Logo, a capacidade cognitiva de linguagem por meio da leitura envolve emoções e razão. Outro exemplo de ligação entre emoção, razão e aprendizagem é a relação estruturas cerebrais como o córtex pré-frontal, o sistema límbico e o tronco encefálico (Damásio, 2012, p. 6-8). Essa relação envolve raciocínio-lógico, tomada de decisão, categorização, controle inibitório, emoções como alegria, medo e tristeza, funções vitais que controlam o funcionamento do organismo em nível de atividade mental.

Assim, podemos entender que o processo de aprendizagem é desenvolvido nos níveis cognitivo, emocional e social. Um ser humano que tem por objetivo resolver um problema, executar uma tarefa ou desempenhar uma atividade qualquer utiliza sua capacidade cerebral para atividades de forma integrada com outros processos biológicos. Como no exemplo citado, uma criança, quando começa aprender a ler, não tem apenas a exigência de funções de linguagem, mas também de emoções, relacionamento interpessoal, saída dos processos de linguagem coloquial para a norma culta, identificação com aquele que ensina, entre outras questões. Logo, o aprender não exige apenas o emprego de capacidades cognitivas, mas de uma imensidão de fatores que variam de indivíduo para indivíduo, sendo que cada um tem a própria história de vida e um modo particular de aprender.

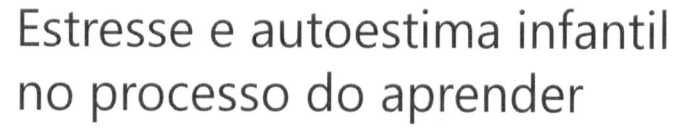

6.4
Estresse e autoestima infantil no processo do aprender

Uma questão a ser abordada no processo do aprender em relação às crianças diz respeito à autoestima e ao estresse. Quando uma nova atividade é proposta, sempre há alguns pensamentos como: "Será que vou conseguir fazer?", "Será muito difícil?", "Bom, não vou nem tentar, pois talvez não acerte nada". Esses pensamentos podem iniciar algumas tensões que impedem que o processo do aprender seja desempenhado com êxito, gerando algumas incertezas em relação à prática de uma atividade, seja ela qual for. Uma vez que essa atividade não seja bem-sucedida, pode ocasionar algumas dificuldades no processo do aprender e atrapalhar o desempenho em outras ações futuras. Por exemplo, uma criança que não consegue identificar letras e caracteres ou faz isso com grande dificuldade pode ter dificuldade na alfabetização. Assim, também é importante frisar que nem sempre a dificuldade vem acompanhada de algum déficit cognitivo ou alguma doença relacionada ao aprender. Um indivíduo que passa por um momento de grande estresse pode apresentar diversas disfunções, em nível orgânico ou social. Vamos supor o caso de uma criança que esteja aprendendo a tocar algum instrumento, por exemplo, e que apresenta algumas dificuldades a serem trabalhadas. Se, durante sua primeira apresentação, cometer erros em virtude de uma questão de fundo emocional (ansiedade, medo, receio, entre outras cargas emocionais) e de um estado de nervosismo intenso, ela poderá apresentar impedimentos para continuar suas aulas, caso essas questões emocionais que envolveram grande nível de estresse não sejam trabalhadas.

Além disso, quando uma criança começa a praticar uma nova atividade, como a música, a entrada no ensino regular da escola, uma atividade física, em algumas situações, há uma expectativa depositada pela família, que espera por bons resultados, ou seja, esse aluno não tem apenas o seu aprender em pauta, mas todo um contexto que envolve várias pessoas ao seu redor, e, em alguns momentos, entende que precisa corresponder a essas expectativas para não ocorrer um desapontamento dos familiares e, até mesmo, da escola, dos professores, dos colegas e de outras pessoas indiretamente envolvidas. O não fazer com êxito a atividade proposta quer dizer que há uma "incompetência" e isso gera uma enorme ansiedade e, independentemente da idade escolar, o estresse (que corresponde uma força aplicada sobre uma resistência), que pode ser incontrolável, tornando a criança, gradativamente, estressada e com baixa autoestima, caso ela não consiga resolver o problema por meio de suas próprias atuações como aprendiz (Gheller, 2009, p. 80-84).

Crescer em um ambiente com vários estímulos, como leitura, atividade esportiva, música, atividade lúdica, lógico--matemática, entre outros, é extremamente importante para o desenvolvimento acadêmico, intelectual e emocional de uma criança. Porém, como já mencionado, quando existe uma exigência muito grande relacionada a bons resultados, há perigo em relação ao estresse, pois a cobrança que o indivíduo sofre é enorme, porque não se trata apenas de um sucesso pessoal, mas de atender a expectativas de terceiros, e isso ocasiona um estresse desnecessário. A cobrança excessiva, em alguns casos, além do estresse, pode gerar um quadro de baixa autoestima. Caso não alcance o resultado desejado, a criança pode se cobrar tanto que, ao obter um resultado mediano, ele será considerado como desastre, falha inaceitável, erro que não deveria acontecer, o que pode comprometer a autoestima da criança.

Nesse caso, um aspecto interessante a ser discutido é como o erro é interpretado, como algo ruim que é traduzido "Você poderia ter estudado mais...", "Você não se esforçou tanto para atingir o seu melhor...", "Você poderia ter feito melhor se não ficasse tanto tempo no computador ou no *tablet*", entre tantas outras falas proferidas em uma situação que não está de acordo com a expectativa dos familiares e dos educadores.

Essa cobrança no processo do aprender é tão grave que podem ser pronunciadas falas como "O que adianta você estudar ou vir para a aula de música, o erro é sempre o mesmo...". Esse tipo de abordagem cria responsabilidades que desestruturam a capacidade de elaboração de resolução de problemas para algumas crianças, o que pode gerar uma disfunção emocional, afetando diretamente sua autoestima, pois, por mais que a criança tenha alguém que fale "Vamos, você consegue...", "Eu sei que deu o seu melhor, na próxima você irá conseguir...", em alguns momentos, a fala dos pais tem um peso maior e o erro ainda fica sendo considerado motivo de desorganização das estruturas emocionais e cognitivas.

Como já frisamos, vivências de pais em situações semelhantes também podem possibilitar que esse indivíduo tenha um impacto negativo em sua autoestima. Por exemplo, indivíduos que estão em fase de transição escolar, ensino fundamental I (primeiro ao quinto ano) para ensino fundamental II (sexto ao nono ano), ou ensino fundamental II para ensino médio, ou, até mesmo, ensino médio para ensino superior (fase do vestibular), passam por provas concorridas e, por esse motivo, precisam dedicar um tempo para estudo e aprimoramento de seus conhecimentos; porém, caso não passem nessas provas, não devem ser cobrados pelo seu fracasso. Caso seus familiares já tenham passado com "grande" êxito por alguma dessas fases, o peso é ainda maior e o estresse mais intenso, pois, se reprovarem, serão cobrados e, se forem aprovados, serão cobrados por bons resultados. Então, de qualquer forma, a cobrança e o estresse são inevitáveis e frases como "Seu irmão se formou e não teve nenhuma reprovação…", "Já estudei nessa escola e fui o melhor da turma" podem aparecer, ou seja, isso vai gerar um nível de estresse e desorganizar o indivíduo.

Nesse contexto, é interessante compreender que o processo de ensino-aprendizagem é único para cada indivíduo e o erro não deve ser encarado como extremamente negativo, como algo que não contribui para nada, pois, como já mencionamos, isso pode ocasionar diretamente um quadro de baixa autoestima e um estresse desnecessário para o desenvolvimento de uma criança (Gheller, 2009, p. 85-105).

Assim, é importante entender que agressões físicas e psicológicas, de forma verbal ou não verbal, podem gerar baixa autoestima e, por esse motivo, o trabalho deve ser focado no problema e não no indivíduo. Quando se trata de crianças, muitas vezes, elas não verbalizam o problema ou o que está acontecendo, mas ocorrem alterações fisiológicas e comportamentais, como alteração no ciclo do sono, dores no corpo, no aparelho digestório, perda do controle dos esfíncteres etc. A resolução da causa raiz do problema, junto com o acompanhamento da criança no processo do aprender, pode contribuir para uma melhora no entendimento de que o erro não traz apenas o não sucesso, ele também possibilita a aprendizagem para alcançar uma nova condição.

Por exemplo, imagine um indivíduo que participa de uma competição e não consegue o primeiro lugar por uma falha em razão do momento de tensão. Nesse caso, é necessário apresentar os pontos positivos (assim contribuindo para a autoestima) e também aprimorar aquilo que está bom, corrigindo aquilo que talvez não tenha sigo excelente e que é possível melhorar, mas sem uma cobrança negativa, ou seja, como um processo do aprender de uma forma diferente e positiva para não pesar com um estresse, mas com a intenção de evitar uma situação de desajustamento social, emocional e, em alguns casos, cognitivo.

6.5
Tomada de decisão no processo emocional

O desenvolvimento humano é repleto de escolhas, simples e complexas, pessoais, profissionais, acadêmicas, individuais, coletivas. Você pode optar por passar um final de semana na praia ou no campo, escolher uma profissão mais operacional ou analítica, um cardápio com assados ou refogados, enfim, há uma infinidade de situações que envolvem a tomada de decisão. Apesar de o processo decisório envolver diretamente funções cognitivas, como atenção, raciocínio lógico, percepção, planejamento e outros, existe a compreensão de que todas essas e outras funções são influenciadas pelas emoções.

Quando há necessidade de fazer uma escolha, como onde passar o Natal com a família, as possibilidades são avaliadas de acordo com as vivências anteriores em relação às pessoas e aos locais envolvidos. Caso a avaliação seja negativa no sentido de que houve situações estressantes, tristes ou até mesmo sem nenhuma motivação, a probabilidade de não haver repetição é grande; mesmo assim, não é desconsiderada a possibilidade. De outra forma, caso a experiência tenha sido positiva, as pessoas envolvidas contribuíram para que o momento fosse bom e isso trouxe alegrias relacionadas à memória; logo, a possibilidade de repetir o evento é muito grande. Por esse motivo, entendemos que as emoções também se caracterizam como formadoras de um arsenal de informações que funcionam como um suporte para a tomada de decisão. Um caso em que se pergunta algo como "Vamos almoçar no restaurante do vizinho?" passa por um crivo cognitivo e emocional de avaliação que leva a questionar "Como foi a última vez que estive lá? Fui bem atendido? A comida era boa?". Caso as alternativas sejam afetivamente respondidas de forma afirmativa, a decisão de ir ao local será bastante possível.

Para Damásio (citado por Gazzaniga; Heatherton; Halpern, 2018, p. 418), "as decisões tomadas envolvem um nível grande de afeto e por este motivo as emoções experenciadas direcionam a tomada de decisão a partir de vivências anteriores, relacionadas a pessoas e locais". A hipótese do marcador somático proposta por Damásio (Damásio, 2012, p. 73-75) mostra o quanto as resoluções de problemas, as tomadas de decisão, o raciocínio lógico e outros processos de ordem cognitiva são afetados emocionalmente e todo esse funcionamento é guiado por marcadores distribuídos no organismo humano.

Uma decisão tomada de forma incorreta num passado recente pode levar a uma aprendizagem associada a uma situação de desprazer, com isso, posteriormente, quando uma situação semelhante acontecer, poderá haver o mesmo desconforto da condição anterior. Esse desconforto pode ser dor abdominal, sudorese, calafrio e outras condições fisiológicas. Por exemplo, uma penalidade a um indivíduo por falar ao celular enquanto dirige pode, em outro momento, causar um mal-estar enquanto o telefone toca e ele está ao volante, possibilitando uma nova administração em relação à tomada de decisão. Essas alterações fisiológicas decorrentes de experiências anteriores são ocasionadas por marcadores somáticos distribuídos pelo corpo humano, pois a situação de desajuste ocorre no evento conflitante em que deve ser tomada a decisão e impacta o sistema biológico como um todo; assim, são ativadas emoções como raiva e medo, por exemplo, e há alteração de batimento cardíaco em alguns casos, suor frio nas mãos, alteração muscular.

Como já mencionamos, a tomada de decisão tem uma relação muito grande com o processo do aprender e as emoções, que, por sua vez, são diretamente ligadas entre si. Imagine que uma criança sai para brincar na rua com alguns amigos. Eles estão se divertindo há horas, mas, de repente, aparece um cão sozinho e todo raivoso, latindo alto e mostrando os dentes. A criança que primeiro vir o cão terá, com certeza, alterações fisiológicas, como alteração de fluxo sanguíneo, com grande aumento no membros inferiores, batimento cardíaco e xerostomia (boca seca). Suas funções cognitivas serão ativadas paralelamente, pois o cão é visto pelo direcionamento da visão, mas é dispensada atenção concentrada e seletiva para esse episódio; logo, em um tempo curto, ocorre alteração biológica de um modo geral, bem como o funcionamento psicofisiológico. As emoções vivenciadas em todo o processo exemplificado podem se caracterizar como medo e surpresa e contribuem para uma tomada de decisão em outros momentos em que essa condição se repetir.

Assim, o processo decisório influenciado pela carga emocional pode ser adaptativo, pois, em um novo evento, o indivíduo pode apresentar o mesmo comportamento; porém, no exemplo apresentado, se o cão for dócil, a postura e a ação poderão ser alteradas, o que corresponde a uma nova aprendizagem. Em uma sala de aula, caso uma criança faça uma pergunta à professora e ela não responda ou responda de forma ríspida, isso poderá disparar marcadores somáticos nesse aluno, que, futuramente, quando tiver a necessidade de perguntar, poderá até fazê-lo, mas essa atitude poderá ativar disparadores somáticos, como dor de estômago, e afetar o comportamento de pedir um esclarecimento de sua dúvida.

Nesse processo, devemos reconhecer a importância da adaptação e da aprendizagem em diversos contextos, pois não há separação entre emoção e razão, ambas contribuem para o desenvolvimento humano e manifestam-se concomitantemente, bem como uma aprimora a ação da outra. Uma vez que esses processos ocorrem de maneira neurofisiológica e anatômica, Damásio (citado por Gazzaniga; Heatherton; Halpern, 2018, p. 418-419) também explica que, quando ocorre uma lesão no córtex pré-frontal, os marcadores somáticos também são afetados, pois, segundo o autor, o indivíduo que tem um dano nessas estruturas tem a capacidade de descrever e acessar informações que envolvam tomada de decisão, porém não tem a competência subjetiva de experienciar as emoções envolvidas em todo o processo de funcionamento.

Com isso, é preciso reconhecer que o aprender não está relacionado, unicamente, aos processos cognitivos, mas também a vivências, histórias, emoções, desenvolvimento biológico, relacionamento interpessoal e outras particularidades.

Síntese

Neste capítulo, vimos que a tomada de decisão é classificada como uma função cognitiva complexa e que há um conjunto de estruturas biológicas envolvidas em nível de sistema nervoso. Também destacamos a relação com o ambiente e as vivências/experiências e a particularidade do desenvolvimento de cada um. A maturação ocorre por meio de uma infinidade de estimulações e se diferencia de acordo com cada faixa etária. Não há uma condição fixa e/ou imutável quando nos referimos a esse processo, mas uma variedade de situações que envolvem emoções, ações, interações e comportamentos.

Dessa forma, é possível tratar as questões relacionadas ao processo decisório sob uma perspectiva cognitiva, emocional e social, uma vez que um indivíduo vai amadurecendo essa capacidade de compreender o que é esse processo complexo do decidir. A cada etapa da vida, a decisão está ligada a determinadas prioridades: na infância, há uma grande influência do lúdico; na adolescência, está relacionada a novas aprendizagens e relacionamentos; na fase adulta, às condições de trabalho; na velhice, às situações que exigem reaprendizagens.

Tudo isso está relacionado à história de vida do sujeito, que integra um contexto de infinitas possiblidades em meio a experiências e vivências e que exigem o aprender ligado à emoção e à razão.

Atividades de autoavaliação

1. O ser humano, como um ser que conduz um pensamento complexo no aspecto racional, tem como base condições e situações que exigem, a todo momento, que essas funções sejam aplicadas em seu dia a dia. Nesse contexto, é correto afirmar:

a) O objetivo do raciocínio é a decisão e, segundo António Damásio, o indivíduo tende a procurar uma resposta sempre adequada para tal condição.
b) A complexidade do poder decisório é tão grande que não há ligação entre o raciocínio e a tomada de decisões.
c) O ato de decidir está ligado ao comportamento e não existe relação com as emoções.
d) A tomada de decisão é uma função cognitiva que está ligada aos processos do pensamento, mas, pelo grande percentual emotivo, não se liga ao raciocínio, ou seja, toma-se uma decisão pela emoção.
e) O objetivo da tomada de decisão é o raciocínio e, por meio dele, o desenvolvimento de aspectos cognitivos voltados ao planejamento.

2. Com relação às estruturas biológicas da tomada decisão, a região orbitofrontal tem uma ligação com o sistema límbico. Assim, é correto afirmar:
a) A tomada de decisão e regulada por meio das emoções.
b) A aprendizagem tem ligação direta com a socialização, o que influencia a tomada de decisão.
c) Em razão da ligação entre a região orbitofrontal e o sistema límbico, há uma relação íntima entre eles nas decisões afetivas.
d) A ligação entre o sistema límbico e os lobos frontais é apenas em nível anatômico, e não funcional.
e) Os lobos frontais são os únicos responsáveis pela tomada de decisão, que é sempre processada sem a interação com as emoções.

3. De acordo com António Damásio, o corpo reage por meio de atividades e ações que envolvem a racionalização. Esse processo é classificado pelo autor como:
   a) problema mente e corpo.
   b) hipótese do marcador somático.
   c) modelo racional da tomada de decisão.
   d) dualismo cartesiano.
   e) racionalista e estruturalista.

4. O estresse é uma realidade e está inserido no processo do aprender das crianças. A aprendizagem é contínua e tem amplo alcance entre as questões cognitivas, mas, em excesso, pode ocasionar algumas complicações para crianças que estão em fase de desenvolvimento. Dessa forma, é correto afirmar:
   a) Os estímulos são importantes para o bom desenvolvimento e a capacidade intelectual da criança, porém, quando em excesso, podem ocasionar alto nível de estresse.
   b) As complicações estão ligadas apenas ao contexto escolar, mas a estimulação no contexto familiar não traz danos, mesmo que em excesso.
   c) O aprender não deve ser considerado como um ato contínuo, uma vez que as emoções não são diretamente ligadas à aprendizagem.
   d) O estresse está, muitas vezes, inserido no dia a dia das crianças no processo do aprender, mas isso não tem relação com as questões emotivas.
   e) O funcionamento do estresse afeta o processamento cognitivo e, por esse motivo, as emoções ficam preservadas fisiologicamente.

5. As decisões tomadas pelos indivíduos ocorrem em diversas condições e contextos, e isso quer dizer que há uma variabilidade imensa quanto à análise e à atenção no ato de decidir. Considerando-se as emoções e sua relação com as funções cognitivas, é correto afirmar:
   a) As decisões são puramente racionais e não têm ligação com as emoções.
   b) A tomada de decisão tem relação apenas com as emoções em nível de relacionamentos afetivos.
   c) A tomada de decisão, de acordo com António Damásio, tem alto nível de afeto, razão pela qual as emoções podem direcionar a decisão.
   d) A tomada de decisão está ligada às vísceras; por esse motivo, a relação é apenas entre córtex frontal e fluxo sanguíneo.
   e) Os lobos frontais têm um papel importante na tomada de decisão e, junto com os lobos parietais, processam o controle das emoções.

Atividades de aprendizagem

Questões para reflexão

1. As emoções estão inseridas no dia a dia de todos os indivíduos e, por mais que estes não tenham habilidade de avaliação subjetiva quanto ao estado emocional, as alterações psicofisiológicas podem acontecer, em menor ou maior escala. Com base nos estudos deste capítulo, reflita sobre como a relação entre emoções e cognição pode contribuir para a análise do indivíduo como um todo e responda: Quando um aluno vai mal em uma avaliação, qual deve

ser o entendimento diante dessa situação? Há uma falha no sistema cognitivo e, consequentemente, um impacto emocional? Ou a análise deve ser feita de uma maneira geral e levar em consideração o ser humano como um todo? Quais são os principais aspectos voltados à cognição, às funções executivas, ao desenvolvimento humano e ao aprender que explicam como o indivíduo decide e organiza suas demandas diárias e sua tomada de decisão?

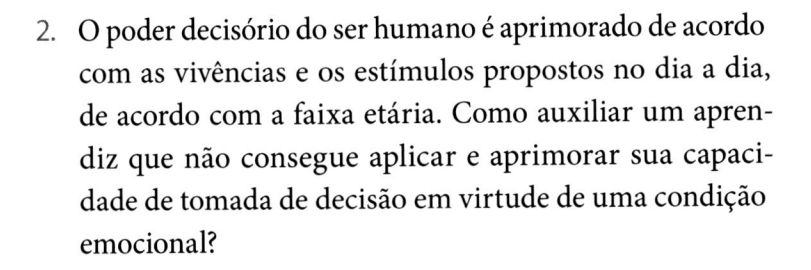

2. O poder decisório do ser humano é aprimorado de acordo com as vivências e os estímulos propostos no dia a dia, de acordo com a faixa etária. Como auxiliar um aprendiz que não consegue aplicar e aprimorar sua capacidade de tomada de decisão em virtude de uma condição emocional?

Atividade aplicada: prática

1. Com o objetivo de identificar as capacidades afetivas existentes e quais processos cognitivos podem ser aprimorados para colaborar na tomada de decisão mais adequada, crie um fluxograma com as principais questões que afetam a tomada de decisão.

Considerações finais

A neurociência relacionada às emoções proporciona uma variedade de abordagens que não se limitam ao contexto educacional escolar, isto é, vão muito além de uma aprendizagem formal que se estabelece na escola, que também não se restringe se ao espaço físico em que estudantes estão inseridos em uma parcela considerável do dia. Os temas do Capítulo 1 se concentraram nos estudos sobre o sistema nervoso, destacando que o ser humano, em um viés holístico, tem diversas condições a serem exploradas quando a questão é o aprender, pois, a todo tempo, nós, seres humanos, estamos aprendendo, desde a mais tenra idade até o envelhecimento.

Em seguida, o Capítulo 2 buscou evidenciar que as emoções, juntamente com a cognição e a aprendizagem, acompanham o desenvolvimento por toda a vida. Na infância, vive-se uma etapa de conhecer as emoções – por exemplo, a alegria de ver os familiares que chegam em casa, a satisfação em fazer alguma atividade como o brincar. Já na adolescência, a fase que pode ser considerada o preparo para a vida adulta, há uma infinita "guerra de hormônios" e o desenvolvimento da autonomia. Por isso, nessa fase, as emoções estão afloradas, bem como os relacionamentos afetivos, o pertencimento a novos grupos e as relações interpessoais de um modo geral.

Após essa etapa, chega a fase adulta, com responsabilidades, a formação de novas famílias ou a definição de uma carreira, e as prioridades vão sendo estabelecidas, aspectos tratados no Capítulo 3, no qual abordamos as funções executivas ligadas à emoção e ao aprender, como os indivíduos se adaptam, aprendem e reaprendem diante das problemáticas do dia a dia. Essa é a fase em que se reduzem as horas de sono e aumenta o nível de estresse do dia a dia, ainda mais nos centros urbanos. Por esse motivo, entendemos a importância de tratar, no Capítulo 4, da inteligência emocional, para analisar como os indivíduos lidam com suas demandas diárias e as dificuldades emocionais. O organismo amadurece de forma gradativa e, na relação com o ambiente, desenvolve comportamentos comuns, como a capacidade de lidar com situações tristes, alegres, hostis e estressantes.

Com todas essas mudanças, o ser humano passa por adaptações quanto à linguagem, à comunicação e às emoções no contexto social, em todas as fases do desenvolvimento, como vimos no Capítulo 5. Buscamos mostrar que o ser humano é um ser interativo, social e as trocas de experiências contribuem para o processo do aprender, que inclui lidar com as emoções e envolve o amadurecimento das capacidades e competências cognitivas. O sistema de linguagem complexo vai se desenvolvendo cada vez mais e sendo aprimorado no decorrer da vida.

No Capítulo 6, abordamos o tema relacionado à tomada de decisões, que apresenta um alto nível afetivo. O raciocínio é direcionado e organizado com uma especificidade maior, e a razão e a emoção são pautas de uma vida que envolve uma rotina complicada, como ocorre na atualidade.

O tempo passa, as mudanças vão acontecendo e chega uma hora em que o organismo entra em um processo acelerado de envelhecimento, o corpo físico perde massa magra, aumentam os níveis de acúmulo de gordura e toda aquela energia para o poder decisório do aprendiz deve ser reinventada; as emoções devem ser reelaboradas e o reaprender precisa ser constante. É importante priorizar novas atividades físicas (se possível) para a melhora na qualidade de vida, até o findar do processo do aprender e o fim do ciclo de vida.

Por fim, devemos ressaltar que a neurociência não se preocupa apenas com a condição biológica, mas também com as condições de um ser humano biopsicossocial, que está em constante amadurecimento e que relaciona, a todo momento, suas vivências, experiências e capacidades emotivas e cognitivas em processos de aprendizagem que não se restringem ao ambiente educacional e a determinada faixa etária.

Glossário

Bottom-up/top-down: modelos de processamento de informações a partir de processos cognitivos.
Cognição: capacidade de organização e processamento de informação.
Córtex cerebral: estrutura da superfície do cérebro relacionada aos hemisférios.
Córtex orbitofrontal lateral: estrutura localizada na região frontal do cérebro.
Emoções primárias: alterações psicofisiológicas inatas e universais.
Emoções secundárias: alterações psicofisiológicas de ordem social cujo envolvimento está relacionado com as emoções primárias.
Neuroplasticidade: capacidade de readaptação e reorganização de redes neuronais.
Sistema límbico: conjunto de estruturas cerebrais responsável pela ativação e coordenação das emoções.
Telencéfalo: estrutura que compreende os dois hemisférios cerebrais.

Referências

AGGLETON, J. P. et al. Thalamic Pathology and Memory Loss in Early Alzheimer's Disease: Moving the Focus from the Medial Temporal Lobe to Papez Circuit. **Brain**, v. 139, n. 7, p. 1877-1890, 2016.

ALAS, R. M.; BHATTACHARYA, S.; KUMAR, K. Computational Intelligence and Decision Making: a Multidisciplinary Review. **Review of Interdisciplinary Business and Economics Research**, v. 1, n. 1, p. 315-334, 2012.

ALBUQUERQUE, F. da S.; SILVA, R. H. Amygdala and the Slight Boundary between Memory and Emotion. **Revista de Psiquiatria do Rio Grande do Sul**, Porto Alegre, v. 31, n. 3, 2009.

ALDAO, A.; SHEPPES, G.; GROSS, J. J. Emotion Regulation Flexibility. **Cognitive Therapy and Research**, v. 39, n. 3, p. 263-278, 2015.

ALVAREZ, J. A.; EMORY, E. Executive Function and the Frontal Lobes: a Meta-Analytic Review. **Neuropsychology Review**, v. 16, n. 1, p. 17-42, 2006.

ALVES, C. M. G. **Inteligência emocional em crianças com dificuldades de aprendizagem**: uma perspetiva educativa. Dissertação (Mestrado em Educação Especial: Domínio Cognitivo e Motor) – Escola Superior de Educação João de Deus, Lisboa, 2013.

ANDERSON, B. et al. Associations of Executive Function with Sleepiness and Sleep Duration in Adolescents. **Pediatrics**, v. 123, n. 4, p. 701-707, 2009.

ANDRADE, R. V. de et al. Atuação dos neurotransmissores na depressão. **Revista Brasileira de Ciências Farmacêuticas**, v. 2, p. 3-4, 2003.

ARDILA, A.; PINEDA, D.; ROSSELLI, M. Correlation between Intelligence Test Scores and Executive Function Measures. **Archives of Clinical Neuropsychology**, v. 15, n. 1, p. 31-36, 2000.

BAILEY, K. G.; WOOD, H. E. Evolutionary Kinship Therapy: Basic Principles and Treatment Implications. **British Journal of Medical Psychology**, v. 71, n. 4, p. 509-523, 1998.

BAKOS, D. S.; PARENTE, M. A. de M. P.; BERTAGNOLLI, A. C. A tomada de decisão em adultos jovens e em adultos idosos: um estudo comparativo. **Psicologia: Ciência e Profissão**, v. 30, n. 1, p. 162-173, 2010.

BARTHOLOMEU, D.; SISTO, F. F.; RUEDA, F. J. M. Dificuldades de aprendizagem na escrita e características emocionais de crianças. **Psicologia em Estudo**, v. 11, n. 1, p. 139-146, 2006.

BAUER, P. J. et al. Brain Activity during Autobiographical Retrieval is Modulated by Emotion and Vividness: Informing the Role of the Amygdala. In: FERRY, B. (Ed.). **The Amygdala**: where Emotions Shape Perception, Learning and Memories. London: InTech, 2017. p. 86-107.

BEAR, M. F.; CONNORS, B. W.; PARADISO, M. A. **Neurociências**: desvendando o sistema nervoso. 4. ed. Porto Alegre: Artmed, 2017.

BECHARA, A. O papel positivo da emoção na cognição. In: ARANTES, V. A. (Org.). **Afetividade na escola**: alternativas teóricas e práticas. São Paulo: Summus, 2003. p. 191-213.

BECHARA, A. Risky Business: Emotion, Decision-Making, and Addiction. **Journal of Gambling Studies**, v. 19, n. 1, p. 23-51, 2003.

BECHARA, A. The Role of Emotion in Decision-Making: Evidence from Neurological Patients with Orbitofrontal Damage. **Brain and Cognition**, v. 55, n. 1, p. 30-40, 2004.

BECHARA, A.; DAMASIO, H.; DAMÁSIO, A. R. Role of the Amygdala in Decision-Making. **Annals of the New York Academy of Sciences**, v. 985, n. 1, p. 356-369, Apr. 2003.

BEER, J. S. et al. Orbitofrontal Cortex and Social Behavior: Integrating Self-Monitoring and Emotion-Cognition Interactions. **Journal of Cognitive Neuroscience**, v. 18, n. 6, p. 871-879, 2006.

BERNARDES, M. E. M. Atividade educativa, pensamento e linguagem: contribuições da psicologia histórico-cultural. **Psicologia Escolar e Educacional**, v. 15, p. 323-332, 2011.

BERRIDGE, K. C. Comparing the Emotional Brains of Humans and Other Animals. In: DAVIDSON, R. J.; SCHERER, K. R.; GOLDSMITH, H. H. (Ed.). **Handbook of Affective Sciences**. Oxford: Oxford University Press, 2003. p. 25-51

BÍBLIA. Romanos. Português. **Bíblia Sagrada**. 2. ed. rev. atual. Traduzida por João Ferreira de Almeida. Barueri, SP: Sociedade Bíblica do Brasil, 1999.

BLAIR, C.; ZELAZO, P. D.; GREENBERG, M. T. The Measurement of Executive Function in Early Childhood. **Developmental Neuropsychology**, v. 28, n. 2, p. 561-572, 2005.

BLAKEMORE, S.-J.; CHOUDHURY, S. Development of the Adolescent Brain: Implications for Executive Function and Social Cognition. **Journal of Child Psychology and Psychiatry**, v. 47, n. 3-4, p. 296-312, 2006.

BROCK, L. L. et al. The Contributions of 'Hot' and 'Cool' Executive Function to Children's Academic Achievement, Learning-Related Behaviors, and Engagement in Kindergarten. **Early Childhood Research Quarterly**, v. 24, n. 3, p. 337-349, 2009.

CARLSON, S. M. Developmentally Sensitive Measures of Executive Function in Preschool Children. **Developmental Neuropsychology**, v. 28, n. 2, p. 595-616, Feb. 2005.

CARVALHO, A. A.; AMARO, R. T. M. A relevância das neurociências para o ensino e a aprendizagem de ciências no ensino. **Revista Educação**, v. 9, p. 57-59, 2015.

CARVALHO, D. de P. L. de; RABELO, I. D. M.; FERMOSELI, A. F. de O. Emoção e resiliência: uma compreensão neurofisiológica com vista ao processo psicoterápico. **Caderno de Graduação: Ciências Humanas e Sociais**, v. 4, n. 1, p. 13-26, 2017.

CASTELLANOS, F. X. et al. Characterizing Cognition in ADHD: Beyond Executive Dysfunction. **Trends in Cognitive Sciences**, v. 10, n. 3, p. 117-123, Feb. 2006.

CAVALHEIRO, L. G.; SANTOS, M. S. dos; MARTINEZ, P. C. Influência da consciência fonológica na aquisição de leitura. **Revista Cefac**, v. 12, n. 6, p. 1009-1016, 2010.

COLE, P. M. Emotion and the Development of Psychopathology. In: CICCHETTI, D.; COHEN, D. J. (Ed.). **Developmental Psychopathology**: Theory and Method. 2016. p. 265-296. v. 1.

CORSO, H. V. et al. Metacognição e funções executivas: relações entre os conceitos e implicações para a aprendizagem. **Psicologia: Teoria e Pesquisa**, v. 29, n. 1, p. 21-29, 2013.

COSENZA, R.; GUERRA, L. **Neurociência e educação**: como o cérebro aprende. Porto Alegre: Artmed, 2009.

COTE, S.; MINERS, C. T. H. Emotional Intelligence, Cognitive Intelligence, and Job Performance. **Administrative Science Quarterly**, v. 51, n. 1, p. 1-28, 2006.

CUNHA, V. L. O.; SILVA, C. da; CAPELLINI, S. A. Correlação entre habilidades básicas de leitura e compreensão de leitura. **Estudos de Psicologia**, v. 29, p. 799-807, 2012.

DAMÁSIO, A. R. **O erro de Descartes**: emoção, razão e o cérebro humano. São Paulo: Companhia das Letras, 2012.

DAMASIO, A. R. **O mistério da consciência**: do corpo e das emoções ao conhecimento de si. São Paulo: Companhia das Letras, 2015.

DAMASIO, A. R. Toward a Neurobiology of Emotion and Feeling: Operational Concepts and Hypotheses. **The Neuroscientist**, v. 1, n. 1, p. 19-25, 1995.

DEACON, T. W. Language Evolution and Neuromechanisms. In: BECHTEL, W.; GRAHAM, G. (Ed.). **A Companion to Cognitive Science**. Hoboken: Wiley-Blackwell, 2017. p. 212-225.

DEL PRETTE, Z. A. P.; DEL PRETTE, A. Habilidades sociais e dificuldades de aprendizagem: teoria e pesquisa sob um enfoque multimodal. In: DEL PRETTE, Z. A. P.; DEL PRETTE, A. (Org.). **Habilidades sociais, desenvolvimento e aprendizagem:** questões conceituais, avaliação e intervenção. Campinas: Alínea, 2003. p. 167-206.

DOELLINGER, P. von et al. Prematurity, Executive Functions and Quality of Parental Care: a Systematic Review. **Psicologia: Teoria e Pesquisa**, Brasília, v. 33, p. 1-9, 2017.

DOLAN, R. J. Emotion, Cognition, and Behavior. **Science**, v. 298, n. 5.596, p. 1191-1194, 2002.

DUVERNOY, H. M. **The Human Hippocampus:** Functional Anatomy, Vascularization and Serial Sections with MRI. Switzerland: Springer, 2005.

EKMAN, P. Basic Emotions. In: DALGLEISH, T.; POWER, M. J. (Ed.). **Handbook of Cognition and Emotion**. New York: John Willey & Sons, 1999. p. 45-60.

ESPERIDIÃO-ANTONIO, V. et al. Neurobiology of the Emotions. **Revista de Psiquiatria Clínica**, São Paulo, v. 35, n. 2, p. 55-65, 2008.

EYSENCK, M. W.; KEANE, M. **Manual de psicologia cognitiva**. Porto Alegre: Artmed, 2017.

FELIX, L. F. et al. Aspectos que influenciam nas reações comportamentais de crianças em consultórios odontológicos. **Revista Pró-Universus**, v. 7, n. 2, p. 13-16, 2016.

FREDERICK, S. Cognitive Reflection and Decision Making. **Journal of Economic Perspectives**, v. 19, n. 4, p. 25-42, 2005.

FREITAS-MAGALHÃES, A. **O código da tristeza**. Rio de Janeiro: Leya, 2016.

FREITAS-MAGALHÃES, A. **O código de Ekman:** o cérebro, a face e a emoção. Rio de Janeiro: Leya, 2015.

FUSTER, J. **The Prefrontal Cortex**. San Diego: Elsevier, 2015.

GAMA, M. C. S. S. As teorias de Gardner e de Sternberg na educação de superdotados. **Revista Educação Especial**, v. 27, n. 50, p. 665-674, 2014.

GARDNER, H.; CHEN, J.; MORAN, S. **Inteligências múltiplas:** ao redor do mundo. Porto Alegre: Artmed, 2010. p. 18-20.

GAZZANIGA, M. S.; HEATHERTON, T.; HALPERN, D. **Ciência psicológica**. Porto Alegre: Artmed, 2018.

GAZZANIGA, M. S.; IVRY, R.; MANGUN, G. R. **Fundamentals of Cognitive Neuroscience**. New York: W. W. Norton, 1998.

GENTNER, D.; GOLDIN-MEADOW, S. (Ed.). **Language in Mind:** Advances in the Study of Language and Thought. Cambridge: MIT Press, 2003.

GHELLER, J. C. A. **Para compreender sujeitos com dificuldades de aprendizagem:** um percurso reflexivo para a autoestima na educação musical. Dissertação (Mestrado em Educação) – Universidade Federal do Rio Grande do Sul, Porto Alegre, 2009.

GOLDBERG, E. **O cérebro executivo:** lobos frontais e a mente civilizada. Rio de Janeiro: Imago, 2002.

GROSS, J. J. Emotion Regulation: Current Status and Future Prospects. **Psychological Inquiry**, v. 26, n. 1, p. 1-20, 2015.

GULYAEVA, N. V. Molecular Mechanisms of Neuroplasticity: an Expanding Universe. **Biochemistry**, Moscow, v. 82, n. 3, p. 237-242, 2017.

HAMANN, S.; MAO, H. Positive and Negative Emotional Verbal Stimuli Elicit Activity in the Left Amygdala. **Neuroreport**, v. 13, n. 1, p. 15-19, 2002.

HAMDAN, A. C.; PEREIRA, A. P. de A. Avaliação neuropsicológica das funções executivas: considerações metodológicas. **Psicologia: Reflexão e Crítica**, v. 22, n. 3, p. 386-87, 2009.

HEINBOCKEL, T. **Introductory Chapter:** Organization and Function of Sensory Nervous Systems. London: IntechOpen, 2018. p. 1-9.

HOBSON, C. W.; SCOTT, S.; RUBIA, K. Investigation of Cool and Hot Executive Function in ODD/CD Independently of ADHD. **Journal of Child Psychology and Psychiatry**, v. 52, n. 10, p. 1035-1043, 2011.

HOUAISS. Dicionário Houaiss de Língua Portuguesa. Versão on-line. Disponível em: <https://houaiss.uol.com.br/pub/apps/www/v3-3/html/index.php#1>. Acesso em: 27 dez. 2019.

IZARD, C. E. **Human Emotions**. Switzerland: Springer, 2013.

IZQUIERDO, I. **Memória**. 3. ed. Porto Alegre: Artmed, 2018.

JAY, V. Pierre Paul Broca. **Archives of Pathology & Laboratory Medicine**, v. 126, n. 3, p. 250-251, 2002.

KANDEL, E. et al. **Princípios de neurociências**. Porto Alegre: AMGH, 2014.

KERR, A.; ZELAZO, P. D. Development of "Hot" Executive Function: The Children's Gambling Task. **Brain and Cognition**, v. 55, n. 1, p. 148-157, 2004.

KIM, Y.-S. Language and Cognitive Predictors of Text Comprehension: Evidence from Multivariate Analysis. **Child Development**, v. 86, n. 1, p. 128-144, 2015.

KNAPP, P. **Terapia cognitivo-comportamental na prática psiquiátrica**. Porto Alegre: Artmed, 2009.

KRAPOHL, E. et al. The High Heritability of Educational Achievement Reflects many Genetically Influenced Traits, not just Intelligence. **Proceedings of the National Academy of Sciences**, v. 111, n. 42, p. 1-6, 2014.

KREBS, C. **Neurociências ilustrada**. Porto Alegre: Artmed, 2013.

LEDOUX, J. Emotion Circuits in the Brain. **Annual Review of Neuroscience**, v. 23, n. 1, p. 155-184, 2000.

LEDOUX, J. **O cérebro emocional**: os misteriosos alicerces da vida emocional. Rio de Janeiro: Objetiva, 1998.

LERNER, J. S. et al. Emotion and Decision Making. **Annual Review of Psychology**, v. 66, p. 807-810, 2015.

LERNER, J. S.; TIEDENS, L. Z. Portrait of the Angry Decision Maker: how Appraisal Tendencies Shape Anger's Influence on Cognition. **Journal of Behavioral Decision Making**, v. 19, n. 2, p. 115-137, 2006.

LEVINSSON, H. **The Emotional Influence on Human Decision--making**: on Damasio's Somatic Marker Hypothesis. 2004. Disponível em: <https://lup.lub.lu.se/student-papers/search/publication/1332722>. Acesso em: 28 jan. 2020.

LINO, T. A. L. R. **Inteligência artificial, humana e a emoção**. 2004. Disponível em: <https://www.psicologia.pt/artigos/textos/TL0012.PDF>. Acesso em: 28 jan. 2020.

LOTSCH, V. de O. **Alfabetização e letramento I**. São Paulo: Cengage, 2016.

LOUSADA, M.; VALENTIM, M. L. P. Modelos de tomada de decisão e sua relação com a informação orgânica. **Perspectivas em Ciência da Informação**, v. 16, n. 1, p. 147-164, jan./mar. 2011.

LU, M.-T.; PRESTON, J. B.; STRICK, P. L. Interconnections between the Prefrontal Cortex and the Premotor Areas in the Frontal Lobe. **Journal of Comparative Neurology**, v. 341, n. 3, p. 375-392, 1994.

LYONS, J. **Linguagem e linguística**: uma introdução. Rio de Janeiro: LTC, 2013.

MACLEAN, P. D. The Limbic System (Visceral Brain) and Emotional Behavior. **AMA Archives of Neurology & Psychiatry**, v. 73, n. 2, p. 130-134, Feb. 1955.

MALLOY-DINIZ, L. F. et al. **Avaliação neuropsicológica**. Porto Alegre: Artmed, 2010.

MANOEL, C. L. L. Ansiedade competitiva entre sexos: uma análise de suas dimensões e seus antecedentes. **Revista Paulista de Educação Física**, v. 8, n. 2, p. 36-53, 2017.

MARTIN, J. H. **Neuroanatomia**: texto e atlas. Porto Alegre: AMGH, 2014.

MARTINS, M. A.; CAPELLINI, S. A. Fluência e compreensão da leitura em escolares do 3º ao 5º ano do ensino fundamental. **Estudos de Psicologia**, Campinas, v. 31, n. 4, p. 499-506, 2014.

MARTINS, R. A.; BHATTACHARYA, S.; KUMAR, K. Computational Intelligence and Decision Making: a Multidisciplinary Review. **Review of Integrative Business and Economics Research**, v. 1, n. 1, p. 316-335, 2012.

MASCOLO, M. F.; FISCHER, K. W. The Dynamic Development of Thinking, Feeling, and Acting over the Life Span. In: OVERTON, W. F.; LERNER, R. M. (Ed.) **The Handbook of Life-span Development**, Hoboken, NJ: John Wiley & Sons, 2010. p. 149-194.

MAYER, J. D.; ROBERTS, R. D.; BARSADE, S. G. Human Abilities: Emotional Intelligence. **Annual Review of Psychology**, v. 59, p. 507-536, 2008.

MÉNDEZ-BÉRTOLO, C. et al. A Fast Pathway for Fear in Human Amygdala. **Nature Neuroscience**, v. 19, n. 8, p. 1041-1049, Aug. 2016.

MENESES, M. S. **Neuroanatomia aplicada**. 3. ed. Rio de Janeiro: Guanabara Koogan, 2011.

MILLER, B. L.; CUMMINGS, J. L. (Ed.). **The Human Frontal Lobes**: Functions and Disorders. New York: Guilford, 2017.

MIRANDA, M. J. A inteligência humana: contornos da pesquisa. **Paidéia**, Ribeirão Preto, v. 12, n. 23, p. 19-29, 2002.

MORAIS, E. A. de. **Aspectos neuropsicológicos da linguagem em adolescentes em conflito com a lei**. Dissertação (Mestrado em Psicologia) – Universidade Tuiuti do Paraná, Curitiba, 2017.

MUCENECKI, T. F. **Avaliação da capacidade de identificar emoções expressas pela face em adultos com lesão no hemisfério cerebral direito**. Dissertação (Mestrado em Psicologia) – Universidade Federal de Santa Maria, Santa Maria, 2016.

NANDA, P. P. et al. Work-in-Progress: Analysis of Meditation and Attention Level of Human Brain. In: INTERNATIONAL CONFERENCE ON INFORMATION TECHNOLOGY, 2017.

NAVES, R. M. et al. Treinamento de habilidades sociais em grupo: uma intervenção com tarefas lúdicas. **Psicologia em Pesquisa**, Juiz de Fora, v. 5, n. 1, p. 39-50, 2011.

NETTER, F. H. **Atlas of Human Anatomy**. Elsevier, 2017. E-book.

NOGUEIRA, M. I.; FERREIRA, F. R. M. Teorias, tecnologia e seu uso na compreensão do cérebro humano. **Khronos**, n. 2, p. 50-70, 2016.

O'BOYLE JR., E. H. et al. The Relation between Emotional Intelligence and Job Performance: a Meta-Analysis. **Journal of Organizational Behavior**, v. 32, n. 5, p. 788-818, 2011.

OLIVEIRA, A. O. de; MOURÃO-JÚNIOR, C. A. Estudo teórico sobre percepção na filosofia e nas neurociências. **Neuropsicologia Latinoamericana**, v. 5, n. 2, 2013.

OPIALLA, S. et al. Neural Circuits of Emotion Regulation: a Comparison of Mindfulness-Based and Cognitive Reappraisal Strategies. **European Archives of Psychiatry and Clinical Neuroscience**, v. 265, n. 1, p. 45-55, Feb. 2015.

PANKSEPP, J. The Anatomy of Emotions. In: PLUTCHIK, R.; KELLERMAN, H. (Ed.). **Emotion**: Theory, Research, and Experience. San Diego: Elsevier, 1986. p. 91-124. v. 3: Biological Foundations of Emotion.

PARSONS, T. D. et al. The Potential of Function-Led Virtual Environments for Ecologically Valid Measures of Executive Function in Experimental and Clinical Neuropsychology. **Neuropsychological Rehabilitation**, v. 27, n. 5, p. 777-807, 2017.

PASCUAL-LEONE, A.; KRAMER, U. Developing Emotion-Based Case Formulations: a Research-Informed Method. **Clinical Psychology & Psychotherapy**, v. 24, n. 1, p. 212-225, 2017.

PETRIDES, K. V. et al. Developments in Trait Emotional Intelligence Research. **Emotion Review**, v. 8, n. 4, p. 335-341, 2016.

PETTY, R. E.; BRIÑOL, P. Emotion and Persuasion: Cognitive and Meta-Cognitive Processes Impact Attitudes. **Cognition and Emotion**, v. 29, n. 1, p. 1-26, 2015.

PHELPS, E. A. Human Emotion and Memory: Interactions of the Amygdala and Hippocampal Complex. **Current Opinion in Neurobiology**, v. 14, n. 2, p. 198-202, 2004.

PRENCIPE, A. et al. Development of Hot and Cool Executive Function During the Transition to Adolescence. **Journal of Experimental Child Psychology**, v. 108, n. 3, p. 621-637, 2011.

RAMOS, R. T. Neurobiologia das emoções. **Revista de Medicina**, v. 94, n. 4, p. 239-245, 2015.

RENNER, T. et al. Psico: série A. São Paulo: McGraw Hill, 2012.

ROLLS, E. T. **The Brain, Emotion, and Depression**. Oxford: Oxford University Press, 2018.

ROTTA, N. T.; BRIDI FILHO, C. A.; BRIDI, F. R. de S. **Plasticidade cerebral e aprendizagem**: abordagem multidisciplinar. Porto Alegre: Artmed, 2018.

ROTTA, N. T.; OHLWEILER, L.; RIESGO, R. dos S. **Transtornos da aprendizagem**: abordagem neurobiológica e multidisciplinar. Porto Alegre: Artmed, 2015.

RUEDA, M. R.; PAZ-ALONSO, P. M. Função executiva e desenvolvimento emocional. In: **Enciclopédia sobre o Desenvolvimento na Primeira Infância**. 2013. p. 2-3.

SACCO, T.; SACCHETTI, B. Role of Secondary Sensory Cortices in Emotional Memory Storage and Retrieval in Rats. **Science**, v. 329, n. 5992, p. 649-656, 2010.

SACKS, O. **Um antropólogo em Marte**: sete histórias paradoxais. São Paulo: Companhia das Letras, 2006.

SADOCK, B. J.; SADOCK, V. A.; RUIZ, P. **Compêndio de psiquiatria**: ciência do comportamento e psiquiatria clínica. Porto Alegre: Artmed, 2017.

SALLES, J. F.; RODRIGUES, J. C. Neuropsicologia da linguagem. In: FUENTES, D. et al. (Org.). **Neuropsicologia: teoria e prática**. Porto Alegre: Artmed, 2014. p. 93-101.

SANTOS, F. M. T. dos. As emoções nas interações e a aprendizagem significativa. **Ensaio Pesquisa em Educação em Ciências**, Belo Horizonte, v. 9, n. 2, p. 173-187, 2007.

SANTOS, F. H. dos; ANDRADE, V. M.; BUENO, O. F. A. Funções executivas. In: ANDRADE, V. M.; SANTOS, F. H.; BUENO, O. F. A. (Org.). Neuropsicologia hoje. Porto Alegre: Artmed, 2015. p. 65-71.

SCHELINI, P. W. Teoria das inteligências fluida e cristalizada: início e evolução. **Estudos de Psicologia**, v. 11, n. 3, p. 323-332, 2006.

SCHNEIDER, D. G; PARENTE, M. A. de M. P. O desempenho de adultos jovens e idosos na Iowa Gambling Task (IGT): um estudo sobre a tomada de decisão. **Psicologia: reflexão e crítica**, v. 19, n. 3, p. 442-450.

SHUCK, B.; ALBORNOZ, C.; WINBERG, M. Emotions and their Effect on Adult Learning: a Constructivist Perspective. In: NIELSEN, S. M.; PLAKHOTNIK, M. S. (Ed.). **Proceedings of the Sixth Annual College of Education Research Conference**: Urban and International Education Section. Miami: Florida International University, 2013. p. 109-113.

SILVA, J. A. da et al. Sensação e percepção no contexto dos estudos em epistemologia genética. **Schème: Revista Eletrônica de Psicologia e Epistemologia Genéticas**, v. 6, n. 2, p. 51-67, 2015.

SITES, P. Needs as Analogues of Emotions. In: BURTON, J. **Conflict**: Human Needs Theory. London: Palgrave Macmillan, 1990. p. 7-33.

SOUSA, M. B. C. de; SILVA, H. P. A.; GALVÃO-COELHO, N. L. Resposta ao estresse: I. Homeostase e teoria da alostase. **Estudos de Psicologia**, Natal, v. 20, n. 1, p. 2-11, 2015.

SQUIRE, L. R.; ZOLA-MORGAN, S. The Medial Temporal Lobe Memory System. **Science**, v. 253, n. 5026, p. 1380-1386, Sept. 1991.

STERNBERG, R. J. **Psicologia cognitiva**. Porto Alegre: Artmed, 2000, p. 115-117.

STONE, J. V. **Principles of Neural Information Theory**: a Tutorial Introduction. Sebtel, 2017. Disponível em: <https://core.ac.uk/download/pdf/74233244.pdf>. Acesso em: 28 jan. 2020.

SULZER, D.; CRAGG, S. J.; RICE, M. E. Striatal Dopamine Neurotransmission: Regulation of Release and Uptake. **Basal Ganglia**, v. 6, n. 3, p. 123-148, Aug. 2016.

SVENSON, O. Process Descriptions of Decision Making. **Organizational Behavior and Human Performance**, v. 23, n. 1, p. 86-112, Feb. 1979.

TANG, Y.-Y.; HÖLZEL, B. K.; POSNER, M. I. The Neuroscience of Mindfulness Meditation. **Nature Reviews Neuroscience**, v. 16, n. 4, p. 213-225, 2015.

TENHOUTEN, W. D. From Primary Emotions to the Spectrum of Affect: an Evolutionary Neurosociology of the Emotions. In: IBÁÑEZ, A.; SEDEÑO, L.; GARCÍA, A. M. (Ed.). **Neuroscience and Social Science**. Switzerland: Springer, 2017. p. 141-167.

TEODÓSIO, M. M. **A culpa é dos meus genes**: as bases genéticas e neuropsicológicas do comportamento antissocial. 2018. Disponível em: <https://www.psicologia.pt/artigos/textos/TL0436.pdf>. Acesso em: 29 jan.2020.

TICE, D. M.; BRATSLAVSKY, E.; BAUMEISTER, R. F. Emotional Distress Regulation takes Precedence over Impulse Control: if You Feel Bad, Do it! In: BAUMEISTER, R. F. **Self-Regulation and Self-Control**. New York: Routledge, 2018. p. 275-306.

TOMASELLO, M. **The New Psychology of Language**: Cognitive and Functional Approaches to Language Structure. New York: Routledge, 2017. v. 1.

TONETTO, L. M.; BRUST-RENCK, P. G.; STEIN, L. M. Quando a forma importa: o efeito de configuração de mensagens na tomada de decisão. **Psicologia: Ciência e Profissão**, v. 30, n. 4, p. 766-779, 2010.

TUMA, T. et al. Stochastic Phase-Change Neurons. **Nature Nanotechnology**, v. 11, n. 8, p. 693-699, 2016.

UEHARA, E.; CHARCHAT-FICHMAN, H.; LANDEIRA-FERNANDEZ, J. Funções executivas: um retrato integrativo dos principais modelos e teorias desse conceito. **Neuropsicologia Latinoamericana**, v. 5, n. 3, p. 25-37, 2013.

VASCO, A. Sinto e penso, logo existo: abordagem integrativa das emoções. **Psilogos: Revista do Serviço de Psiquiatria do Hospital Prof. Doutor Fernando Fonseca**, v. 11, p. 37-44, 2013.

VASCONCELLOS, C. M. Emoções e aprendizagem em um curso para o desenvolvimento de competências empreendedoras. Dissertação (Mestrado em Psicologia) – Universidade Federal da Bahia, Salvador, 2008.

VENKATRAMAN, A.; EDLOW, B. L.; IMMORDINO-YANG, M. H. The Brainstem in Emotion: a Review. **Frontiers in Neuroanatomy**, v. 11, p. 15, 2017.

WOYCIEKOSKI, C.; HUTZ, C. S. Inteligência emocional: teoria, pesquisa, medida, aplicações e controvérsias. **Psicologia: Reflexão e Crítica**, Porto Alegre, v. 22, n. 1, p. 1-11, 2009.

YANG, D. S.; KWON, H. G.; JANG, S. H. Injury of the Thalamocingulate Tract in the Papez Circuit in Patients with Mild Traumatic Brain Injury. **American Journal of Physical Medicine & Rehabilitation**, v. 95, n. 3, p. 34-38, 2016.

YOGEV-SELIGMANN, G.; HAUSDORFF, J. M.; GILADI, N. The Role of Executive Function and Attention in Gait. **Movement Disorders: Official Journal of the Movement Disorder Society**, v. 23, n. 3, p. 329-342, 2008.

YOO, S.-S. et al. The Human Emotional Brain without Sleep: a Prefrontal Amygdala Disconnect. **Current Biology**, v. 17, n. 20, p. 877-878, 2007.

YOUNG, L. et al. Damage to Ventromedial Prefrontal Cortex Impairs Judgment of Harmful Intent. **Neuron**, v. 65, n. 6, p. 845-851, 2010.

ZELAZO, P. D.; BLAIR, C. B.; WILLOUGHBY, M. T. **Executive Function**: Implications for Education. Washington: National Center for Education Research/Institute of Education Sciences, 2016. p. 10-15.

ZELAZO, P. D.; MÜLLER, U. Executive Function in Typical and Atypical Development. In: GOSWAMI, U. (Ed.). **Blackwell Handbook of Childhood Cognitive Development**. Oxford: Blackwell, 2002. p. 445-469.

ZELAZO, P. D.; QU, L.; KESEK, A. C. Hot Executive Function: Emotion and the Development of Cognitive Control. In: CALKINS, S. D.; BELL, M. A. (Ed.). **Human Brain Development**: Child Development at the Intersection of Emotion and Cognition. Washington: American Psychological Association, 2010. p. 97-111.

Bibliografia comentada

COSENZA, R.; GUERRA, L. **Neurociência e educação: como o cérebro aprende**. Porto Alegre: Artmed, 2009.
A obra traz ricas contribuições para o diálogo entre o processo do aprender e as neurociências, sendo direcionada a educadores e profissionais da saúde que trabalham com o viés da aprendizagem. O livro aborda variados temas que podem ser aprofundados com base nas práticas do dia a dia, de uma forma profissional, considerando-se o processo de aprendizagem de modo geral.

GAZZANIGA, M.; HEATHERTON, T.; HALPERN, D. **Ciência psicológica**. Porto Alegre: Artmed, 2018.
O livro proporciona um diálogo entre as neurociências e diversas áreas do conhecimento, de modo que, a cada tema abordado, é possível relacionar os conteúdos com o cotidiano de pacientes, alunos e da sociedade de modo geral. Explorar as neurociências com base nessa obra contribui para o crescimento e o amadurecimento de quaisquer profissionais que buscam aprofundamento nos temas referentes ao desenvolvimento do sistema nervoso.

EYSENCK, M. W.; KEANE, M. **Manual de psicologia cognitiva**. Porto Alegre: Artmed, 2017.
Esse livro não trata exatamente do processo do aprender relacionado a uma única área ou a determinado conceito, mas explora diversos conteúdos atuais que são relevantes no contexto da sala de aula, como linguagem, atenção, memória, consciência e tomada de decisão. É uma importante obra para o entendimento da relação entre emoção e cognição.

SACKS, O. **Um antropólogo em Marte:** sete histórias paradoxais. São Paulo: Companhia das Letras, 2006.

Essa obra descreve diversos casos relacionados à neurociência. Com base em análises clínicas, Oliver Sacks apresenta como o ser humano se desenvolve na presença de várias condições de saúde mental. O interessante é a apresentação sobre como os indivíduos se adaptam e se organizam diante de situações adversas, lesões, acidentes e alterações neurológicas.

ROTTA, N. T.; OHLWEILER, L.; RIESGO, R. dos S. **Transtornos da aprendizagem:** abordagem neurobiológica e multidisciplinar. Porto Alegre: Artmed, 2015.

Essa obra tem por objetivo analisar as bases biológicas do processo do aprender e os transtornos da aprendizagem. O livro explora condições neurobiológicas voltadas a questões multidisciplinares e traz uma rica discussão sobre aspectos do desenvolvimento humano e a maturação do sistema nervoso. É uma ótima ferramenta para analisar o indivíduo como um todo no que diz respeito ao aprender.

Respostas

Capítulo 1
Atividades de autoavaliação
1) e
2) a
3) c
4) a
5) d

Capítulo 2
Atividades de autoavaliação
1) a
2) e
3) a
4) a
5) c

Capítulo 3
Atividades de autoavaliação
1) d
2) a
3) a
4) b
5) a

Capítulo 4
Atividades de autoavaliação
1) a
2) e
3) a
4) b
5) c

Capítulo 5
Atividades de autoavaliação
1) e
2) b
3) c
4) b
5) a

Capítulo 6
Atividades de autoavaliação
1) a
2) c
3) b
4) a
5) c

Sobre o autor

Doutorando em Distúrbios da Comunicação pela Universidade Tuiuti do Paraná – UTP, **Everton Adriano de Morais** é mestre em Psicologia Forense, linha de pesquisa em Neuropsicologia, pela mesma universidade (2017), especialista em Neuropsicologia e Aprendizagem pelo Instituto Tecnológico e Educacional – Itecne (2018) e graduado em Psicologia pela Faculdade Dom Bosco (2013). É professor adjunto nos cursos de Psicologia, Pedagogia, História e Educação Física na UTP e supervisor de estágio nas áreas de Psicologia Cognitiva e Neuropsicologia. Tem experiência em capacitações e palestras em nível educacional e organizacional, utilizando conceitos de psicologia cognitiva e neuropsicologia, com temas como tomada de decisão em líderes e liderados, gerenciamento de conflitos, competências, habilidades e atitudes. É especialista em Neuropsicologia pelo Conselho Federal de Psicologia – CFP e membro ativo da comissão de Neuropsicologia do Conselho Regional de Psicologia do Paraná – CPP-PR. É autor dos livros: *Práticas de leitura e escrita de alunos com deficiência intelectual*, direcionado a educadores e profissionais da saúde, com um viés voltado a informações importantes sobre o desenvolvimento humano em relação às deficiências e as práticas de linguagem, mais especificamente leitura e escrita; e *O peixe nada na terra do tudo*, que trata de neurociência da linguagem, direcionado a crianças da faixa etária entre 5 e 11 anos, pais e cuidadores, profissionais da saúde e educação.

O intuito foi abordar temas como funções executivas, memória de curto prazo, memória de trabalho, orientação temporal e espacial e linguagem, todos esses construtos voltados à neurociência.

Impressão:
Março/2020